工业和信息化高职高专"十二五"规划教材立项项目

21世纪高等职业教育机电类规划教材

U0322157

AutoCAD 2010
实用教程

刘兆平　叶智彪　王晓伟　主编

黎文龙　霍松林　徐守品　副主编

人民邮电出版社

北　京

图书在版编目（ＣＩＰ）数据

AutoCAD 2010实用教程 / 刘兆平，叶智彪，王晓伟
主编. -- 北京 : 人民邮电出版社，2013.12（2016.12 重印）
21世纪高等职业教育机电类规划教材
ISBN 978-7-115-33618-7

Ⅰ．①A… Ⅱ．①刘… ②叶… ③王… Ⅲ．①
AutoCAD软件－高等职业教育－教材 Ⅳ．①TP391.72

中国版本图书馆CIP数据核字(2013)第309128号

内 容 提 要

　　本书重点介绍了 AutoCAD 2010 中文版的新功能及各种基本操作方法、操作技巧和应用实例。按照用 AutoCAD 进行工程设计的方法与顺序，从基本绘图设置入手，循序渐进地介绍了用 AutoCAD 2010 绘制和编辑二维图形、标注文字、标注尺寸、各种精确绘图工具、图形显示控制、填充图案、创建块与属性、绘制基本三维模型、绘制复杂实体模型、渲染以及图形打印等知识，涵盖了用 AutoCAD 2010 进行工程设计时涉及的主要内容。

　　本书可作为中、高等职业院校数控技术、模具设计与制造、机电一体化、检测技术、汽车等机械类专业的教学用书，也可供有关技术人员参考、学习、培训之用。

◆ 主　　编　刘兆平　叶智彪　王晓伟
　　副 主 编　黎文龙　霍松林　徐守品
　　责任编辑　李育民
　　执行编辑　王丽美
　　责任印制　杨林杰

◆ 人民邮电出版社出版发行　　北京市丰台区成寿寺路 11 号
　　邮编　100164　　电子邮件　315@ptpress.com.cn
　　网址　http://www.ptpress.com.cn
　　北京九州迅驰传媒文化有限公司印刷

◆ 开本：787×1092　1/16
　　印张：16.75　　　　　　　2013 年 12 月第 1 版
　　字数：416 千字　　　　　 2016 年 12 月北京第 4 次印刷

定价：38.00 元
读者服务热线：(010)81055256　印装质量热线：(010)81055316
反盗版热线：(010)81055315

前　言

AutoCAD 是由美国 Autodesk 公司推出的集二维绘图、三维绘图、关联数据库管理及互联网通信为一体的计算机辅助设计软件，具有易于掌握、方便快捷、体系结构开放、辅助绘图功能强大等优点，广泛应用于机械、建筑、土木、航天、石油化工、造船、冶金、纺织及轻工等多个领域，深受广大工程技术人员的青睐。Autodesk 公司于 2009 年 3 月推出的 AutoCAD 2010版本引入了全新功能，包括自由形式的设计工具及参数化绘图，同时加强了 PDF 格式的支持。本书以 AutoCAD 2010 版本为演示平台，通过具有代表性的工作实例，由浅入深、全面系统地介绍了该版本的具体使用方法和操作技巧。

本书针对我国当前高等职业教育工科院校学生以及从事工程设计和技术绘图的技术人员对计算机辅助设计知识的需求，依据编者多年从事工程制图和计算机辅助设计课程的教学经验精心编写而成。

本书编者从事多年高等职业院校机械制图和计算机绘图专业的教学和培训工作，深知学生在学习中遇到的各种问题和困难。编写过程中，编者将教学、培训工作中积累的教学经验和体会充实到本书中，力求能够满足学生轻松学习和运用 AutoCAD 2010 绘制机械图的需要。

本书共分为 12 章，第 1 章主要向读者介绍 AutoCAD 2010 操作基础，熟悉其工作界面；第 2 章主要介绍 AutoCAD 2010 绘图环境的设置；第 3 章主要介绍基本绘图命令；第 4 章主要介绍基本编辑命令；第 5 章主要介绍文字的添加与表格的绘制；第 6 章主要介绍尺寸标注与编辑；第 7 章主要介绍图块的创建与使用；第 8 章主要介绍零件图的绘制方法；第 9 章主要介绍三维实体的创建与编辑；第 10 章主要介绍图形的输出与打印；第 11 章主要介绍制图员考证的相关知识。

通过学习和训练，学生不仅能够掌握 AutoCAD 基本绘制知识，而且能够掌握绘制机械图的技能和方法，达到高级制图员的机械绘图水平。

本书图文并茂、条理清晰、通俗易懂、内容丰富，在讲解每个知识点时都配有相应的实例，方便读者上机实践。同时在难于理解和掌握的部分内容上给出相关提示，让读者能够快速地提高操作技能。

本书的参考学时为 44 ~ 58 学时，建议采用理论、实践一体化教学模式，各章节的参考学时见下面的学时分配表。

学时分配表

项　　目	课 程 内 容	学　　时
第 1 章	AutoCAD 2010 操作基础	2 ~ 4
第 2 章	绘图环境的设置	2
第 3 章	绘制基本平面图形	6 ~ 8

续表

第 4 章	图形编辑	4 ~ 6
第 5 章	文字与表格	2 ~ 4
第 6 章	尺寸标注与编辑	4 ~ 6
第 7 章	图块	2 ~ 4
第 8 章	零件图的绘制	6 ~ 8
第 9 章	三维实体造型与编辑	10
第 10 章	图形输出与打印	2
第 11 章	制图员相关知识	2
	课程考评	2
课时总计		44 ~ 58

　　本书由九江职业技术学院刘兆平、叶智彪、王晓伟任主编，江西环境工程职业学院黎文龙和九江职业技术学院霍松林、徐守品任副主编。在编写过程中，张靓、李振等同志对本书的编写工作给予了很大的支持与帮助，在此表示感谢。

　　由于编者水平和经验有限，书中难免有欠妥和错误之处，敬请读者批评指正。

编　者

2013 年 9 月

目　录

第1章

AutoCAD 2010 操作基础

【学习目标】

通过本章的学习，了解 AutoCAD 2010 的用户界面、文件的创建与管理、基本操作方法，以及 AutoCAD 2010 新增功能等知识。

【本章重点】

熟悉 AutoCAD 2010 的用户界面。

掌握 AutoCAD 2010 中一些基本命令的操作。

【本章难点】

利用 AutoCAD 2010 基本命令绘制简单的二维对象。

1.1 AutoCAD 概述

AutoCAD（Auto Computer Aided Design）是美国 Autodesk 公司首次于 1982 年研制的自动计算机辅助设计软件，用于二维绘图、详细绘制、设计文档和基本三维设计。现已经成为国际上广为流行的绘图工具。AutoCAD 具有良好的用户界面，通过交互菜单或命令行方式便可以进行各种操作。它的多文档设计环境，让非计算机专业人员也能很快地学会使用。在不断实践的过程中更好地掌握它的各种应用和开发技巧，从而不断提高工作效率。

AutoCAD 具有广泛的适应性，它可以在各种操作系统支持的微型计算机和工作站上运行，并支持分辨率由 320×200 到 2048×1024 的各种图形显示设备 40 多种，以及数字仪和鼠标器 30 多种，绘图仪和打印机数十种，为 AutoCAD 的普及创造了条件。

1.1.1　AutoCAD 的应用领域

AutoCAD 目前已广泛应用于国民经济的各个方面，其主要的应用领域有以下几个。

1. 机械制造业中的应用

AutoCAD 技术已在机床、汽车、船舶、航空航天飞行器等机械制造业中广泛应用，在机械制造业中应用 AutoCAD 技术可以绘制精密零件、磨具、设备等。

2. 工程设计中的应用

AutoCAD 技术在工程领域中的应用有以下几个方面。

① 建筑设计，包括方案设计、三维造型、建筑渲染图设计、平面布景、建筑构造设计、小区规划、室内装饰设计等。

② 市政管线设计，如自来水、污水排放、煤气、电力、暖气、通信等各类市政管道线路设计。

③ 交通工程设计、城市交通设计，如公路、桥梁、铁路、航空、机场、港口、码头、城市道路、高架、轻轨、地铁等。

④ 水利工程设计，如水渠、大坝、河海工程等。

⑤ 其他工程设计和管理，如装饰设计、环境艺术设计、房地产开发及物业管理、工程概预算、旅游景点设计与布局、智能大厦设计等。

3. 电子工业中的应用

AutoCAD 技术最早曾用于电路原理图和布线图的设计工作。目前，AutoCAD 技术已扩展到印制电路板的设计（布线及元器件布局），推动了微电子技术和计算机技术的发展。

4. 其他应用

除了在上述领域中的应用外，在轻工、化工、纺织、家电、服装、制鞋、园林设计、医疗和医药乃至体育方面都会用到 AutoCAD 技术。

1.1.2 AutoCAD 的发展历史

美国 Autodesk 公司于 1982 年 12 月开发了 AutoCAD 的第一个版本 AutoCAD V1.0，容量为一张 360KB 的软盘，无菜单，命令需要记忆，其执行方式类似 DOS 命令。 1983 年 4 月，又推出了 AutoCAD V1.2，该版本具备尺寸标注功能。此后，Autodesk 公司几乎每年都会推出 AutoCAD 的升级版本。

AutoCADV1.3：1983 年 8 月，具备文字对齐及颜色定义功能、图形输出功能。

AutoCADV1.4：1983 年 10 月，图形编辑功能加强。

AutoCADV2.0：1984 年 10 月，图形绘制及编辑功能增加，如 MSLIDE VSLIDE DXFIN DXFOUT VIEW SCRIPT 等。

AutoCADR2.0：1984 年 11 月，尽管功能有所增强，但仅仅是一个用于二维绘图的软件。

AutoCADV2.17- V2.18：1985 芏出版，出现了 Screen Menu，命令不需要背，Auto Lisp 初具雏形，二张 360KB 软盘。

AutoCADV2.5：1986 年 7 月，Auto Lisp 有了系统化语法，使用者可改进和推广，出现了第三开发商的新兴行业，五张 360KB 软盘。

AutoCADV2.6：1986 年 11 月，新增 3D 功能。

AutoCADR3.0：1987 年 6 月，增加了三维绘图功能，并第一次增加了 Auto Lisp 汇编语言，提供了二次开发平台，用户可根据需要进行二次开发，扩充 CAD 的功能。

AutoCADR(Release)9.0：1988 年 2 月，出现了状态行下拉式菜单。至此，AutoCAD 开始在国外加密销售。

AutoCADR10.0：1988 年 10 月，进一步完善 R9.0，Autodesk 公司已成为千人企业。

AutoCADR11.0：1990 年 8 月，增加了 AME(Advanced Modeling Extension)，但与 AutoCAD 分开销售。

AutoCADR12.0：1992 年 8 月，采用 DOS 与 Windows 两种操作环境，出现了工具条。

AutoCADR13.0：1994 年 11 月，AME 纳入 AutoCAD 之中。

AutoCADR14.0：1997 年 4 月，适应 Pentium 机型及 Windows95/NT 操作环境，实现与 Internet 网络连接，操作更方便，运行更快捷，无所不到的工具条，实现中文操作。

1999 年 3 月，Autodesk 公司推出了 AutoCAD 2000 版。接下来的几年间，一直到 2008 年 3 月 AutoCAD 2009 版的推出，AutoCAD 软件的性能不断地得到改进，DWG 文件功能不断地得到提高，与其他软件的交互性不断地得到加强。

2009 年 6 月，Autodesk 公司推出了 AutoCAD 2010 版。该版本新增了参数化绘图、网格对象、自由形态设计工具、三维打印等功能，并增强了动态块等功能。

2010 年 5 月，Autodesk 公司推出了 AutoCAD 2011 版。该版新增了建立与编辑程序曲面和 NURBS 曲面等曲面造型功能，新增了修改面、删除面、修复间隙等网面造型功能以及倒圆角等实体造型功能，增强了回转、挤出、断面混成和扫掠等功能，并且在 API 方面也有所增强。

1.1.3 AutoCAD 的主要功能

AutoCAD 是一个辅助设计软件，满足通用设计和绘图的要求，提供了各种接口，可以和其他软件共享设计成果，并能十分方便地进行图形文件管理。AutoCAD 提供了如下主要功能。

1. 平面绘图

能以多种方式创建直线、圆、椭圆、多边形、样条曲线等基本图形对象。

2. 绘图辅助工具

AutoCAD 提供了正交、对象捕捉、极轴追踪、捕捉追踪等绘图辅助工具。正交功能使用户可以很方便地绘制水平、竖直直线，对象捕捉可帮助拾取几何对象上的特殊点，而追踪功能使画斜线及沿不同方向定位点变得更加容易。

3. 编辑图形

AutoCAD 具有强大的编辑功能，可以移动、复制、旋转、阵列、拉伸、延长、修剪、缩放对象等。

4. 标注尺寸

可以创建多种类型尺寸，标注外观可以自行设定。

5. 书写文字

能轻易地在图形的任何位置、沿任何方向书写文字，可设定文字字体、倾斜角度及宽度缩放比例等属性。

6. 图层管理

图形对象都位于某一图层上，可设定图层颜色、线型、线宽等特性。

7. 三维绘图

可创建 3D 实体及表面模型，能对实体本身进行编辑。

8. 网络功能

可将图形在网络上发布，或是通过网络访问 AutoCAD 资源。

9. 数据交换

AutoCAD 提供了多种图形图像数据交换格式及相应命令。

10. 辅助设计

AutoCAD 软件不仅仅具备绘图功能，它还提供了许多有助于工程设计和计算的功能。

11. 二次开发

AutoCAD 允许用户定制菜单和工具栏，并能利用内嵌语言 Auto Lisp、Visual Lisp、VBA、ADS、ARX 等进行二次开发。

1.1.4 AutoCAD 2010 的新增功能

1. 网格建模功能

AutoCAD 2010 增加了网格对象，其他的三维对象可以转化为网格对象，而且网格也可以通过直接创建来生成。网格的优点就是形状可由用户随心所欲地改变，如圆滑边角、凹陷处理、形状拖变、表面细部分割等。对于 3D 的表现更加细腻。

2. 参数化绘图

AutoCAD 2010 可以做到基本的参数化，如几何约束，可以进行水平、竖直、平行、垂直、相切、圆滑、同点、同线、同心、对称等方式的约束；尺寸约束，标注也可以锁定对象，而且可以通过修改标注尺寸来直接调整所约束的对象。

3. 动态图块

几何约束和尺寸约束都可以添加到动态图块中去。另外，动态块编辑器中还增强了动态参数管理和块属性表格，另外，在块编辑器中，还可以直接测试块属性的效果而不需要退出块。

4. 图形输出

在工具栏中可直接将图形输出成 DWF 或 PDF 格式文件。

5. PDF 底图

新版本可以用 PDF 文件作为底图，它的使用与其他格式文件的底图相同，如果 PDF 文件中的几何图形是矢量的，则可以直接捕捉到。

6. 自定义功能

旧版本的仪表板可以转换成工具板，最上面的快速访问工具现在可以自定义。另外，工具板也可以进行上下级关联。

7. 填充图案增强

非关联的填充图案可对边界进行夹点拖动编辑。边界填充时如果由于边界问题而失败，则会用红色的圆来标识问题位置。

8. 视口可以旋转

AutoCAD 2010 在布局中的视口可以单独做旋转，角度任意选择。

1.2 AutoCAD 2010 的启动与退出

1.2.1 启动 AutoCAD 2010

在安装 AutoCAD 2010 的时候如果选择了在桌面放置快捷方式，那么安装后在桌面上会出现一个图标，双击该图标就可以启动 AutoCAD 2010 了。

选择"开始"|"程序"|"Autodesk"|"AutoCAD 2010-Simplified Chinese"|"AutoCAD 2010"，也可以启动 AutoCAD 2010。

在启动 AutoCAD 2010 之后，系统会自动打开一个名称为"Drawing1.dwg"的默认绘图文件窗口。

1.2.2 退出 AutoCAD 2010

当用户退出 AutoCAD 2010 时，首选需要退出当前的 AutoCAD 文件，如果当前文件已经保存，用户可以使用以下几种方式退出 AutoCAD 2010。

① 单击左上角的"应用程序按钮"  | "退出 AutoCAD"。

② 单击右上角的"关闭按钮" ✖ 。

③ 按组合键"Alt+F4"。

④ 菜单栏："文件" | "退出"。

⑤ 在命令行输入 Quit 或 Exit 后，按 Enter 键。

如果用户在退出 AutoCAD 2010 之前，没有将当前的文件保存，那么系统会弹出如图 1-1 所示的提示框，单击"是"按钮，将弹出"图形另存为"对话框，用于对图形进行命名保存；单击"否"按钮，系统将放弃保存并退出 AutoCAD 2010；单击"取消"按钮，系统将取消执行的退出命令。

图 1-1　AutoCAD 提示框

1.3 AutoCAD 2010 的工作界面

如果是 AutoCAD 2010 初始用户，那么启动 AutoCAD 2010 后，可以选择进入"初始设置工作空间"，该空间是 AutoCAD 2010 新增的一个工作空间，如图 1-2 所示。

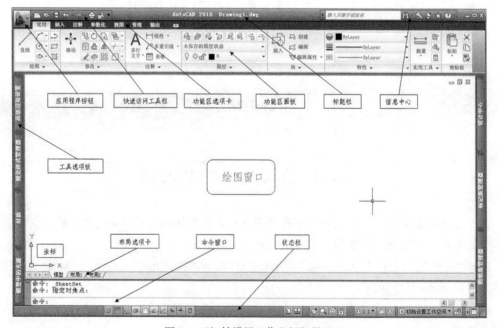

图 1-2　"初始设置工作空间"界面

单击状态栏右侧的 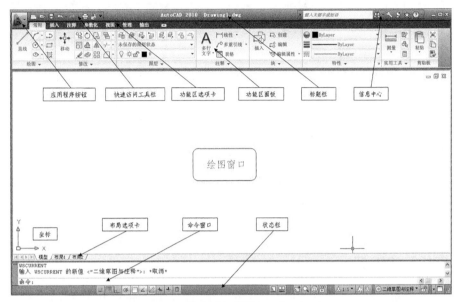 按钮，在弹出的工作空间下拉列表中选择工作空间名称就可以切换到相应的工作空间。不同的工作空间显示的图形界面有所不同，图 1-3 所示为"二维草图与注释"工作空间界面，图 1-4 所示为"AutoCAD 经典"工作空间界面，图 1-5 所示为"三维建模"工作空间界面。

图 1-3　"二维草图与注释"工作空间界面

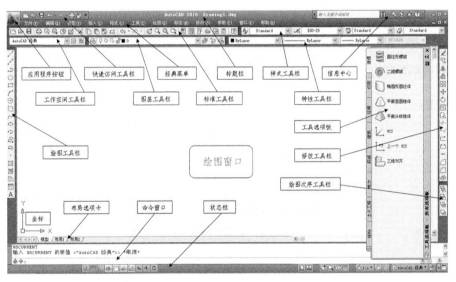

图 1-4　"AutoCAD 经典"工作空间界面

无论选用哪种工作空间，在启动 AutoCAD 2010 后，系统都会自动打开一个名称为"Drawing1.dwg"的默认绘图文件窗口。另外，无论选择哪种工作空间，用户都可以在日后对其进行更改，也可以自定义并保存设置的工作空间。其实不管是哪种工作空间，仅仅是一个工作环境，在不同的工作空间中绘图的方法和技巧都是一样的。

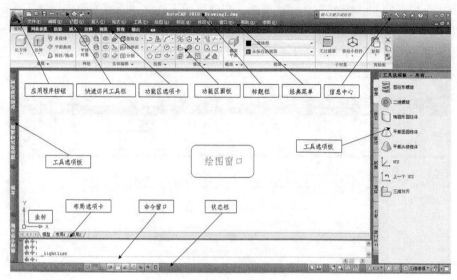

图 1-5 "三维建模"工作空间界面

AutoCAD 2010 的工作界面主要包括以下几个部分。

1. 应用程序按钮

"应用程序按钮" 位于工作界面的左上角。单击该按钮，将弹出 AutoCAD 菜单，该菜单包含了"新建"、"打开"、"保存"、"另存为"、"输出"、"打印"、"发布"、"发送"、"图形实用工具"、"关闭"等命令，选择命令后即可执行相应操作。通过该按钮还可以查看最近使用的文档、当前打开的文档和最近执行的动作。

2. 快速访问工具栏

"快速访问工具栏"位于"应用程序按钮"右侧，如图 1-6 所示。它提供了对定义的命令集的直接访问。用户可以添加、删除和重新定位命令和控件。默认状态下，快速访问工具栏包括"新建"、"打开"、"保存"、"放弃"、"重做"、"打印"、"特性匹配"命令。如果想在快速访问工具栏中添加或删除其他常用工具，可以单击其右侧的下拉按钮，在弹出的菜单中选择需要的工具。

图 1-6 快速访问工具栏

3. 标题栏

和 Windows 其他应用软件一样，在界面最上面是标题栏，其中列有软件的名称和当前打开文件的名称，最右侧是程序的最小化、恢复窗口大小和关闭按钮。

4. 菜单栏

菜单栏位于标题栏的下方，其包含"文件"、"编辑"、"视图"、"插入"、"格式"、"工具"、"绘图"、"标注"、"修改"、"参数"、"窗口"、"帮助"共 12 个主菜单，这些菜单几乎包含了 AutoCAD

2010 所有绘图命令。

5. 工具栏

工具栏是应用程序调用命令的常用方式，它是一组图标型工具的集合。在 AutoCAD 2010 中共有 20 多个已命名的工具栏，在工具栏中单击某个图标即可启动相应的命令。

默认情况下，"标准"、"图层"、"特性"、"样式"、"绘图"、"修改"、"绘图次序"等工具栏处于打开状态。如果要显示当前隐藏的工具栏，可在任意工具栏上右击，在弹出的快捷菜单中选择相应工具栏的名称就可以显示或关闭相应的工具栏。也可以通过菜单栏："工具" | "工具栏" | "AutoCAD"来显示或关闭相应的工具栏。

6. "功能区选项卡"与"功能区面板"

"功能区选项卡"位于"快速访问工具栏"下方，用于显示与基本任务的工作空间关联的按钮和控件。使用"功能区选项卡"时无需显示多个工具栏，它通过单一紧凑的界面使应用程序变得简洁有序。默认情况下，"功能区选项卡"包含"常用"、"插入"、"注释"、"参数化"、"视图"、"管理"、"输出"7个选项卡，如图 1-7 所示。每个选项卡包括若干个"功能区面板"，每个"功能区面板"又集成了相关的操作工具，方便用户的使用。

图 1-7　"功能区选项卡"与"功能区面板"

如果某个面板没有足够的空间显示所有的操作工具，可以单击面板右下角的三角按钮，控制面板的展开和收缩。用户可以通过菜单栏："工具" | "选项板" | "功能区"命令来打开或关闭"功能区选项卡"与"功能区面板"。

7. 绘图窗口

绘图窗口是用户使用 AutoCAD 2010 绘制图形的区域，所有的绘图结果都反映在这个窗口中。可以根据需要关闭其他暂时不用的窗口元素，如工具栏、选项板等，来增大绘图空间。在绘图窗口中除了显示当前的绘图结果外，还显示了当前使用的坐标系类型以及坐标原点、X 轴、Y 轴、Z 轴的方向等。

绘图窗口的左下方有"模型"、"布局 1"和"布局 2"选项卡，单击其选项卡可以在模型空间和图纸空间进行切换。

8. 命令窗口

命令窗口位于在绘图窗口下方，是一个输入命令和反馈命令参数提示的区域，默认设置显示三行命令，如图 1-8 所示。

图 1-8　命令窗口

对命令窗口中输入的内容，可以使用文本编辑的方法进行编辑。AutoCAD 2010 文本窗口是记录命令的窗口，它可以显示当前进程中命令的输入和执行过程，用户可以通过按 F2 键或通过菜单栏："视图"|"显示"|"文本窗口"命令来打开文本窗口，打开的文本窗口如图 1-9 所示。

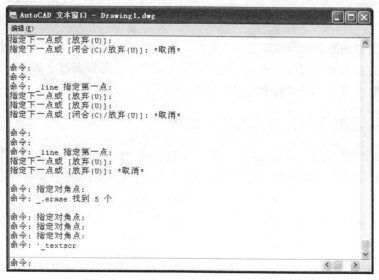

图 1-9　文本窗口

命令窗口很重要，它除了可以激活命令外，还是 AutoCAD 软件中最重要的人机交互的地方。输入命令后，命令窗口会提示用户一步一步进行选项的设定和参数的输入，而且在命令窗口还可以修改系统变量，所有的操作过程都会记录在命令窗口中。

9. 状态栏

状态栏位于命令窗口下方，如图 1-10 所示。

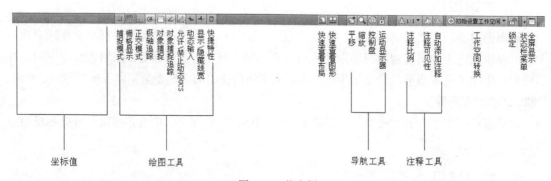

图 1-10　状态栏

状态栏左侧的数字显示为当前光标的坐标值；绘图工具用来辅助绘图，是精确绘图必不可少的工具；导航工具用于图形平移、缩放显示，便于查看图形中的对象；注释工具可以显示注释比例及可见性；工作空间菜单方便用户切换不同的工作空间；锁定的作用是可以锁定或解锁浮动工具栏、固定工具栏、浮动窗口或固定窗口在图形中的位置。最右侧是全屏显示按钮。

1.4 AutoCAD 2010 文件的创建与管理

1.4.1 新 建 文 件

当启动 AutoCAD 2010 后，系统会自动打开一个名称为"Drawing1.dwg"的文件。如果用户需要重新创建一个文件，则需要执行"新建"命令。

可以通过以下几种方式执行"新建"命令。

① 单击左上角的"应用程序按钮" | "新建" | "图形"。

② 单击"快速访问工具栏" | "新建"按钮 。

③ 菜单栏："文件" | "新建"。

④ 单击"标准"工具栏 | "新建"按钮 。

⑤ 在命令行输入 New 后，按 Enter 键。

⑥ 按组合键"Ctrl+N"。

通过以上任何一种方式执行"新建"命令后，都会打开如图 1-11 所示的"选择样板"对话框。样板文件是绘图的模板，通常在样板文件中包含一些绘图环境的设置。该对话框中默认的样板文件是 acadiso.dwt。选择一个样板文件或者使用默认样板文件作为新建图形文件的样板，单击"打开"按钮，新的图形文件就创建好了，AutoCAD 2010 自动为其命名为"DrawingXX.dwg"，XX 按当前进程新建文件的个数自动编号。

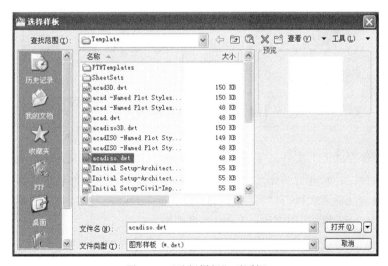

图 1-11 "选择样板"对话框

1.4.2 保存文件

当图形创建好以后，用户可以执行"保存"命令把它保存到硬盘上，以方便以后查看、使用、修改、编辑等。

可以通过以下几种方式执行"保存"命令。

① 单击左上角的"应用程序按钮" | "保存"。

② 单击"快速访问工具栏"| "保存"按钮 。

③ 菜单栏："文件"| "保存"。

④ 单击"标准"工具栏| "保存"按钮 。

⑤ 在命令行输入 save 后，按 Enter 键。

⑥ 按组合键"Ctrl+S"。

如果文件是第一次保存并且未命名时，通过以上任何一种方式执行"保存"命令后，都会打开如图 1-12 所示的"图形另存为"对话框。在此对话框中指定保存路径、文件名以及文件类型后单击"保存"按钮就可以把文件保存起来了。一旦文件命名并保存以后，如果再通过以上方式来保存此文件就不再弹出"图形另存为"对话框了。

图 1-12 "图形另存为"对话框

1.4.3 另名保存文件

当用户在已保存的图形文件的基础上进行了修改，又不想将原来的图形文件覆盖，可以执行"另存为"命令，将修改后的图形文件以不同的路径或不同的文件名进行保存。

可以通过以下几种方式执行"另存为"命令。

① 单击左上角的"应用程序按钮" | "另存为"。

② 菜单栏："文件"| "另存为"。

③ 在命令行输入 save 后，按 Enter 键。

④ 按组合键"Ctrl+Shift+S"。

通过以上任何一种方式执行"另存为"命令后，都会打开如图 1-12 所示的"图形另存为"对话框。在此对话框中指定新的保存路径或文件名后单击"保存"按钮就可以把文件保存起来了。

1.4.4 打开已有图形文件

用户需要查看、使用或编辑已有图形文件时，可以使用"打开"命令将此图形文件打开。
可以通过以下几种方式执行"打开"命令。

① 单击左上角的"应用程序按钮" ▲ |"🗁打开"。

② 单击"快速访问工具栏"|"打开"按钮🗁。

③ 菜单栏："文件"|"🗁打开"。

④ 单击"标准"工具栏|"打开"按钮🗁。

⑤ 在命令行输入 Open 后，按 Enter 键。

⑥ 按组合键"Ctrl+O"。

通过以上任何一种方式执行"打开"命令后，都会打开如图 1-13 所示的"选择文件"对话框，在此对话框中选择需要打开的图形文件，单击"打开"按钮，即可将此文件打开。

图 1-13 "选择文件"对话框

1.5

AutoCAD 2010 基本命令的操作

1.5.1 命令的输入

在 AutoCAD 中，所有功能都是通过命令执行实现的，熟练地使用 AutoCAD 命令有助于提高绘图的效率和精度。在 AutoCAD 中命令的输入方式主要有以下几种。

1. 在命令窗口输入命令名或命令缩写字

用户在命令窗口输入命令名或命令缩写字，然后再按 Enter 键，就可以启动命令。命令字符不区分大小写。在命令窗口提示中经常会出现命令选项。以画直线为例，在命令窗口输入绘制直线命令"LINE"或者缩写字"L"，然后再按 Enter 键，AutoCAD 命令窗口会提示如下。

```
命令: Line↙
指定第一点:                        (在绘图窗口指定一点或输入一个点的坐标)
指定下一点或 [放弃(U)]:
```

命令行中不带括号的提示为默认选项，如上面提示中的"指定下一点"，如果要选择其他选项，则应该输入该选项的标示字符再按 Enter 键，然后按系统提示输入数据即可。在命令选项的后面有时还带有尖括号"<>"，尖括号内的数值为默认值。

2. 通过经典菜单或快捷菜单

选择经典菜单中相应的命令，此时命令窗口中会显示相应的命令及命令提示，与键盘输入命令不同之处是此时在命令前有一个下划线。为了更加方便地启动某些命令，AutoCAD 为用户提供了快捷菜单。所谓快捷菜单，是指右击弹出的菜单，用户只需选择快捷菜单中的命令即可激活相应的功能。

3. 通过工具栏或功能区

单击工具栏或功能区面板上的命令按钮是一种常用、快捷的命令启动方式。通过工具栏或功能区面板上形象而又直观的图标按钮代替 AutoCAD 的一个个命令，远比那些复杂、繁琐的英文命令及菜单更为方便，用户只需将光标放在命令按钮上，系统就会自动显示出该按钮所代表的命令，单击按钮即可激活该命令。

4. 通过功能键与快捷键

功能键与快捷键是最快捷的一种命令启动方式。每种软件都配置了一些命令组合键，表 1-1列出了 AutoCAD 设定的一些命令快捷键，在执行这些命令时只需按下键盘上相应的键即可。

表 1-1　　　　　　　　　　　　AutoCAD 功能键

键　名	功　能	键　名	功　能
F1	打开 AutoCAD 帮助	Ctrl+N	新建文件
F2	打开文本窗口	Ctrl+O	打开文件
F3	对象捕捉开关	Ctrl+S	保存文件
F4	数字化仪开关	Ctrl+P	打印文件
F5	等轴测平面转换	Ctrl+Z	撤销上一步操作
F6	动态 UCS	Ctrl+Y	重做撤销的操作
F7	栅格开关	Ctrl+K	超级链接
F8	正交开关	Ctrl+0	清屏
F9	捕捉开关	Ctrl+1	特性管理器

键　名	功　能	键　名	功　能
F10	极轴开关	Ctrl+2	设计中心
F11	对象跟踪开关	Ctrl+3	特性
F12	动态输入	Ctrl+4	图纸集管理器
Delete	删除	Ctrl+5	信息选项板
Ctrl+A	全选	Ctrl+6	数据库连接
Ctrl+C	复制	Ctrl+7	标记集管理器
Ctrl+V	粘贴	Ctrl+8	快速计算器
Ctrl+X	剪切	Ctrl+9	命令行

1.5.2　命令的终止

AutoCAD 提供了以下几种命令终止方式。

1．切换下拉菜单或工具栏中的命令

在命令执行过程中，用户可以选择下拉菜单中另一个命令或单击工具栏中的另一个按钮，这时 AutoCAD 将终止正在执行的命令。

2．按 Esc 键

在命令执行过程中可以随时按 Esc 键终止命令的执行。

3．按 Enter 键

在命令执行过程中可以按一次或两次 Enter 键终止命令的执行。

1.5.3　命令的撤销

在命令执行的任何时刻都可以取消命令的执行。命令的撤销有以下几种方式。
① 在命令行输入 UNDO 后，按 Enter 键。
② 菜单栏："编辑" | "↩放弃"。
③ 单击"标准"工具栏| "放弃"按钮↩。
④ 单击"快速访问工具栏" | "放弃"按钮↩。
⑤ 按组合键 "Ctrl+Z"。

1.5.4　命令的重做

已被撤销的命令要恢复重做，有以下几种方式。
① 在命令行输入 REDO 后，按 Enter 键。

② 菜单栏："编辑" | "↷重做"。

③ 单击"标准"工具栏|"重做"按钮↷。

④ 单击"快速访问工具栏"|"重做"按钮↷。

⑤ 按组合键"Ctrl+Y"。

AutoCAD 2010 可以一次执行多重放弃和重做操作。单击"标准"工具栏中的"放弃"按钮↶或"重做"按钮↷右边的下拉按钮·，可以选择要放弃或重做的操作。

1.6 AutoCAD 2010 的帮助系统

用户在使用 AutoCAD 2010 过程中，肯定会遇到一些问题和困难。AutoCAD 2010 提供了详细的在线帮助，善于应用这些帮助可以快速地解决各种问题。

激活在线帮助的方法有以下几种。

① 在"信息中心"中单击"帮助"按钮❓。

② 按 F1 键。

③ 在命令行输入 help 或? 后，按 Enter 键。

通过以上任何一种方式激活在线帮助后，都会打开如图 1-14 所示的"AutoCAD 2010 帮助"界面。

图 1-14 "AutoCAD2010 帮助"界面

在此窗口的"目录"选项卡中有详细的用户手册、命令参考等，展开后可以查找所需要的内容。另外还可以很方便地通过"索引"和"搜索"两个选项卡进行学习和疑难解答。

另外，当命令被激活状态下按 F1 键，可以激活在线帮助，并直接定位在该命令的解释位置，方便用户查看。例如，当"直线"命令被激活时按 F1 键，则会打开如图 1-15 所示的帮助界面。

图 1-15 "AutoCAD 2010 帮助"界面

如果将鼠标指针在某个命令按钮上悬停一会儿，也能弹出关于该命令的帮助提示。

AutoCAD 2010 在"信息中心"中还提供了一系列帮助功能。单击"帮助"按钮❓右边的下拉按钮，在弹出的菜单中可以查看相关的帮助功能。

第2章

绘图环境的设置

【学习目标】

本章主要介绍绘图单位和绘图区域的设置方法、世界坐标系和用户坐标系的区别、图层管理、线型和颜色的设置等知识，通过绘制一些平面图形实例，使用户能尽快掌握 AutoCAD 的基本绘图环境，规范绘图，提高绘图效率，为今后的学习打下一个良好的基础。

【本章重点】

掌握图层管理、线型和颜色的设置。

【本章难点】

世界坐标系和用户坐标系的区别，坐标输入方法。

2.1

绘图单位和绘图区域的设置

2.1.1 绘图单位的设置

使用 AutoCAD 2010 绘图前，必须先设置图形中一个单位所代表的实际距离，或临时改变图形文件的长度、角度的类型和精度等内容时，需通过"图形单位"对话框对绘图单位进行设置。设置绘图单位命令的调用如下。

① 命令行：UNITS 或 UN。

② 菜单："格式" | "单位"。

执行该命令后，弹出"图形单位"对话框，如图 2-1 所示。

其中各参数的含义说明如下。

（1）设置长度单位及精度

在"长度"选项区域中，可以从"类型"下拉列表框提供的 5 个选项中选择一种长度单位，还可以根据绘图的需要从"精度"下拉列表框中选择一种合适的精度。

（2）设置角度的类型、方向及精度

在"角度"选项区域中，可以在"类型"下拉列表框中选择一种合适的角度单位，并根据绘图的需要在"精度"下拉列表框中选择一种合适的精度。"顺时针"复选框用来确定角度的正方向，当该复选框没有选中时，系统默认角度的正方向为逆时针；当该复选框选中时，表示以顺时针方向作为角度的正方向。

（3）设置插入比例

用于控制插入到当前图形中的块或图形的测量单位。如果块或图形创建时使用的单位与该选项指定的单位不同，则在插入这些块或图形时，将对其按比例缩放。插入比例是指源块或图形使用的单位与目标图形使用的单位之比。如果插入块时不按指定单位缩放，要选择"无单位"。

提示：当源块或目标图形中的"插入比例"设置为"无单位"时，将使用"选项"对话框的"用户系统配置"选项卡中的"源内容单位"和"目标图形单位"设置。

（4）设置光源

用于控制当前图形中光度来控制光源强度的测量单位。包括国际、美国和常规 3 种类型。

提示：为创建和使用光度控制光源，必须从选项列表中指定非"常规"的单位。如果"插入比例"设置为"无单位"，将显示警告信息，通知用户渲染输出可能不正确。

（5）设置方向

在"图形单位"对话框的底部，除了平时的"确定"、"取消"、"帮助"按钮外，还有一个"方向"按钮，单击它将弹出"方向控制"对话框，如图 2-2 所示。通过该对话框，用户可以拾取屏幕点来定义新基准角，其方法为：先点选"其他"项，然后单击"拾取角度"按钮，在屏幕上确定两点，返回对话框，再单击"确定"按钮，从而完成了自定义基准角度的设置。在建筑施工图中，一般情况下按其默认设置即可。

图 2-1 "图形单位"对话框

图 2-2 "方向控制"对话框

2.1.2 设置绘图界限

在使用 AutoCAD 2010 绘图中，一般按照 1：1 的比例绘制。绘图界限可以控制绘图的范围，相当于手工绘图时图纸的大小。设置图形界限还可以控制栅格点的显示范围，栅格点在设置的图形界限范围内显示，或者用"窗口缩放（ZOOM）"命令的"全部（A）"选项设置的图形界限全屏显示。其命令的调用方式有如下几种。

① 命令行：LIMIT。

② 菜单："格式"|"图形界限"。

下面以 A3 图纸为例，假设绘图比例为 1：100，设置绘图界限的操作如下。

```
命令：_limits
重新设置模型空间界限：
指定左下角点或 [开(ON)/关(OFF)] <0.0000,0.0000>：  （按 Enter 键，设置左下角点为系统默认的原点位置）
指定右上角点 <420.0000,297.0000>：42000,29700
```

提示："[开（ON）/关（OFF）]"选项的功能是指是否打开图形界限检查。选择"ON"时，系统打开图形界限的检查功能，只能在设定的图形界限内画图，系统拒绝输入图形界限外部的点。系统默认设置为"OFF"，此时关闭图形界限的检查功能，允许输入图形界限外部的点。

2.2 AutoCAD 2010 的坐标系和坐标的输入

2.2.1 坐 标 系

在学习 AutoCAD 2010 的平面绘图命令前，必须首先掌握它的坐标系。因为不管绘制什么图形，其位置都是由其在某坐标系中的坐标值决定的。使用 AutoCAD 2010 的坐标系可以精确地表示坐标点。

AutoCAD 2010 有两个坐标系：世界坐标系（WCS）和用户坐标系（UCS），如图 2-3 所示。

世界坐标系（WCS）又叫通用坐标系，是固定的坐标系，作为坐标系中的基准。在默认情况下，AutoCAD 2010 的坐标系就是世界坐标系，由 X、Y、Z 三个坐标轴构成，X 轴水平向右，Y 轴竖直向上，Z 轴与屏幕垂直，指向屏幕外。一般情况下，平面图形都是在这个坐标系下绘制的。

用户坐标系（UCS）是用户根据自己的绘图需要自己设置坐标系，其原点位置、坐标轴的方向相对于世界坐标系是可移动的。

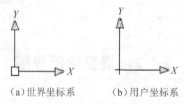

(a) 世界坐标系　　　(b) 用户坐标系

图 2-3　二维图形显示的坐标系的图标

2.2.2　坐标的输入方式

AutoCAD 2010 在命令提示行中输入坐标值，常用的是直角坐标（X,Y）输入和极坐标输入两种。

1．直角坐标（X,Y）输入

使用直角坐标指定点的位置时，X 值和 Y 值要以逗号分开。

直角坐标（X，Y）分为两种：绝对直角坐标和相对直角坐标。

绝对坐标的 X、Y 值是相对于原点（0，0）的坐标值。如果开启"动态输入"，可以使用"#"前缀指定绝对坐标。如果关闭"动态输入"，可以不使用#前缀。例如，输入"#3,4"指定一点，此点在 X 轴方向距离原点 3 个单位，在 Y 轴方向距离原点 4 个单位。有关动态输入的详细信息，请参见使用"动态输入"。

下例绘制了一条从 X 值为–2、Y 值为 1 的位置开始，到端点（3，4）处结束的线段，如图 2-4 所示。命令输入如下。

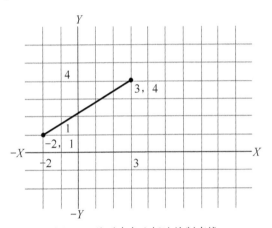

图 2-4　绝对直角坐标法绘制直线

```
命令：_ line
指定第一点：-2,1
指定下一点或 [放弃(U)]：3,4
指定下一点或 [放弃(U)]：
```

相对坐标是指相对于前一点的坐标。如果知道某点与前一点的位置关系，可以使用相对 X，Y 坐标。要指定相对坐标，如果关闭"动态输入"，请在坐标前面添加一个"@"符号。开启"动态输入"，可以不需要添加例如"@"，输入"@3，4"指定一点，此点沿 X 轴方向有 3 个单位，沿 Y 轴方向距离上一指定点有 4 个单位。

下例绘制了一个三角形的三条边，如图 2-5 所示。第一条边是一条线段，从绝对坐标（–2，1）开始，到沿 X 轴方向 5 个单位，沿 Y 轴方向 0 个单位的位置结束，输入相对坐标（@5，0）。第二条边也是一条线段，从第一条线段的端点开始，到沿 X 轴方向 0 个单位，沿 Y 轴方 3 个单位的位置结束，输入相对坐标（@0，3）。最后一条边闭合回到起点。

```
命令：_ line
```

```
指定第一点：-2,1
指定下一点或 [放弃(U)]：@5,0
指定下一点或 [放弃(U)]：@0,3
指定下一点或 [闭合(C)/放弃(U)]：c
```

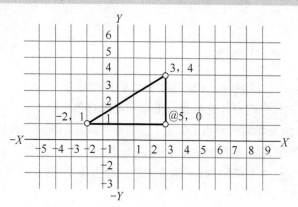

图 2-5　相对直角坐标法绘制直线

2.　极坐标输入

使用极坐标指定一点，可输入以角括号（<）分隔的距离和角度。默认情况下如图 2-6 所示，角度按逆时针方向增大，按顺时针方向减小。要指定顺时针方向，请为角度输入负值。例如，输入"1<315"和"1<-45"都代表相同的点。可以使用 UNITS 命令调出"图形单位"对话框改变当前图形的角度约定。

极坐标输入有绝对极坐标和相对极坐标两种方式。

绝对极坐标从坐标原点（0，0）处开始测量。当知道点相对于原点的距离和角度坐标时，可使用绝对极坐标。

开启"动态输入"时，可以使用"#"前缀指定绝对坐标。如果在关闭"动态输入"时输入坐标，可以不使用"#"前缀。例如，输入"#3<45"指定一点，此点距离原点 3 个单位，并且与 X 轴成 45°角。

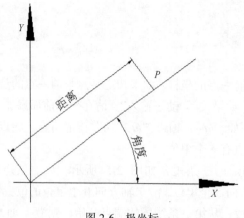

图 2-6　极坐标

下例显示了使用绝对极坐标绘制的两条线段，它们使用默认的角度方向设置，如图 2-7 所示。其命令输入如下。

```
命令： _ line
指定第一点：0,0
指定下一点或 [放弃(U)]：4<120
指定下一点或 [放弃(U)]：5<30
指定下一点或 [闭合(C)/放弃(U)]：
```

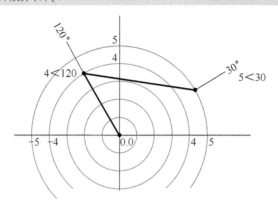

图 2-7 绝对极坐标法绘制直线

相对坐标是基于上一输入点的。如果知道某点与前一点的位置关系，可以使用相对 *X*，*Y* 坐标。要指定相对坐标，关闭"动态输入"时，请在坐标前面添加一个"@"符号。例如，输入"@1<45"指定一点，此点距离上一指定点 1 个单位，并且与 *X* 轴成 45°角。

下例显示了使用相对极坐标绘制的两条线段。在每个示例中，线段都是从标有上一点的位置开始，如图 2-8 所示。

```
命令： '_ line
指定第一点：0,0
指定下一点或 [放弃(U)]：4<120
指定下一点或 [放弃(U)]：5<30
指定下一点或 [放弃(U)]：@3<45
指定下一点或 [放弃(U)]：@5<285
```

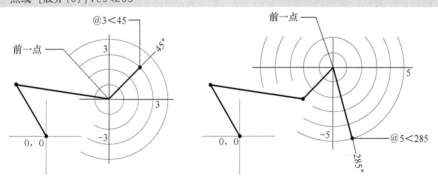

图 2-8 相对极坐标法绘制直线

2.3 图层、颜色及线型的设置

2.3.1 图层的概念

图层是 AutoCAD 用来组织图形的重要工具之一，用来分类组织不同的图形信息，设定线型、颜色、线宽和其他特性。

AutoCAD 的图层可以被想象为一张透明的图纸，每一图层绘制一类图形，所有的图纸层叠在一起，就组成了一个 AutoCAD 的完整图形。通过创建图层，可以将类型相似的对象指定给同一个图层使其相关联。例如，将构造线、文字、标注和标题栏置于不同的图层上，可以控制以下操作。

① 图层上的对象是可见还是不可见。

② 是否打印对象以及如何打印对象。

③ 为图层上的所有对象指定何种颜色。

④ 为图层上的所有对象指定何种线型和线宽。

⑤ 图层上的对象是否可以修改。

⑥ 每个图形都包含一个命名为 0 的图层。无法删除或重命名图层 0。

⑦ 确保每个图形至少包括一个图层。

提示：建议创建几个新图层来组织图形，而不是将整个图形都创建在图层"0"上。

2.3.2 创 建 图 层

AutoCAD 2010 提供了详细直观的"图层特性管理器"对话框，如图 2-9 所示，可以方便地创建和管理图层，调出"图层特性管理器"对话框有以下几种方式。

① 命令行：LAYER。

② 菜单："格式"|"图层"。

③ 功能区："常用"标签|"图层"|"■"图层特性按钮。

在"图层特性管理器"对话框中，单击"■"按钮，可以新建一个图层，单击"✕"按钮，可以删除一个选中的图层，单击"✔"按钮，可以将选中的图层置为当前图层。用户可以对图层特性进行管理和控制。新建图层后，默认名称处于可编辑状态，用户可以输入新的名称；对于已经创建的图层，如果需要修改图层的名称，则需用鼠标单击一次该图层的名称，使图层名处于可编辑状态，然后输入新的名称即可。

提示：图层名最多可以包括 255 个字符（双字节或字母数字）：字母、数字、空格和几个特殊字符。图层名不能包含以下字符：<>/\":;?*|='。

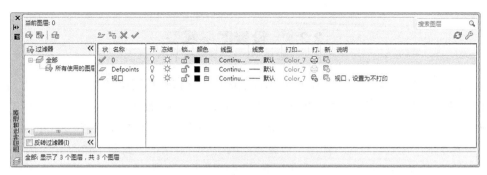

图 2-9 "图层特性管理器"对话框

2.3.3　设置图层颜色

图层颜色是在一定条件下该图层上所绘图形对象的颜色。将图层设置成不同的颜色可以方便识别不同图层上的对象。

在"图层特性管理器"对话框中，单击图层列表中该图层所在的颜色块，可调出"选择颜色"对话框，如图 2-10 所示。该对话框有三个选项板：索引颜色、真彩色和配色系统。

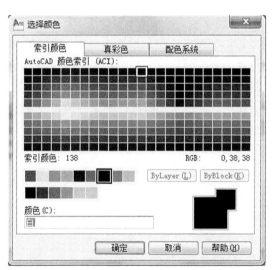

图 2-10 "选择颜色"对话框

索引颜色（ACI）是 AutoCAD 中使用的标准颜色。每种颜色均通过 ACI 编号（1 ~ 255 的整数）标识。标准颜色名称仅用于颜色 1 ~ 7。颜色指定为：1 红、2 黄、3 绿、4 青、5 蓝、6 洋红、7 白/黑。

真彩色使用 24 位颜色定义来显示 1600 万种颜色。指定真彩色时，可以使用 RGB 或 HSL 颜色模式。如果使用 RGB 颜色模式，则可以指定颜色的红、绿、蓝组合；如果使用 HSL 颜色模式，则可以指定颜色的色调、饱和度和亮度要素。

配色系统中包括几个标准 Pantone 配色系统。也可以输入其他配色系统，例如，DIC 颜色指南或 RAL 颜色集。输入用户定义的配色系统可以进一步扩充可供使用的颜色选择。

提示：一般创建图形时，采用该图层对应的颜色，称为随层"Bylayer"颜色方式。

2.3.4　设置图层线型

线型是由沿图线显示的线、点和间隔组成的图样。可以通过图层指定对象的线型，在打开的"图层特性管理器"对话框中，单击"线型"列中的线型特性图标 Continuous，将弹出如图 2-11 所示的"选择线型"对话框，默认状态下，"选择线型"对话框中只有 Continuous 一种线型。单击其中的"加载"按钮，弹出"加载或重载线型"对话框，如图 2-12 所示，用户可以在"可用线型"列表框中选择所需要的线形，然后回到"选择线型"对话框中选择合适的线型。

图 2-11　"选择线型"对话框

默认情况下，全局线型和单个线型比例均设置为 1.0。比例越小，每个绘图单位中生成的重复图案就越多。例如，设置为 0.5 时，每一个图形单位在线型定义中显示重复两次的同一图案。不能显示完整线型图案的短线段显示为连续线。对于太短，甚至不能显示一个虚线小段的线段，可以使用更小的线型比例。通过全局修改或单个修改每个对象的线型比例因子，可以以不同的比例使用同一个线型。

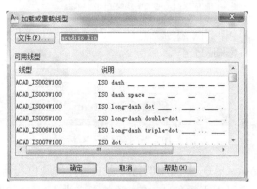

图 2-12　"加载或重载线型"对话框

提示：一般创建图形时，采用该图层对应的线型，称为随层"Bylayer"线型方式。

2.3.5　设置图层线宽

线宽是指定给图形对象和某些类型的文字的宽度值，使用线宽，可以用粗线和细线清楚地表现出截面的剖切方式、标高的深度、尺寸线和小标记，以及细节上的不同。可以通过图层指定对象的线宽，在打开的"图层特性管理器"对话框中，单击"线型"列中的线型特性图标"—— 默认"，弹出"线宽"对话框，从中可以选择该图层合适的线宽，如图 2-13 所示。

图 2-13 "线宽"对话框

提示：一般创建图形时，采用该图层对应的线宽，称为随层"Bylayer"线宽。

2.4 图形显示的控制

2.4.1 视图的缩放

在绘图过程中，为了方便地进行对象捕捉，精确绘制图形，常常需要将当前视图放大或缩小。增大图形以便更详细地观察细节，这是放大操作；收缩图形以便更大面积地观察图形，这是缩小操作。但是需要注意的是，对象的实际大小是没有变化的，只是视图的变化，这些操作就是 AutoCAD 2010 中的 ZOOM 命令。其调用方式有以下三种。

① 命令行：ZOOM。

② 菜单："视图"|"缩放"。

③ 功能区："常用"标签|"实用程序"面板|"🔍"。

"ZOOM"命令中有范围、窗口、上一个、实时、全部、动态、缩放、中心、对象以及放大、缩小 11 个功能选项。

各选项的功能介绍如下。

（1）范围（E）

选择该选项可以将所有已编辑的图形尽可能大地显示在窗口内。

（2）窗口（W）

该选项用于尽可能大地显示由两个角点所定义的矩形窗口区域内的图像。此选项为系统默认的选项，可以在输入 ZOOM 命令后，不选择"W"选项，而直接用鼠标在绘图区内指定窗口以局部放大。

（3）上一个（P）

选择该选项将返回前一视图。当编辑图形时，经常需要对某一小区域进行放大，以便精确设计，完成后返回原来的视图，不一定是全图。

（4）全部（A）

选择该选项后，显示窗口将在屏幕中间缩放显示整个图形界限的范围。如果当前图形的范围尺寸大于图形界限，将最大范围地显示全部图形。

（5）实时（R）

选择该选项后，在屏幕内上下拖动鼠标，可以连续地放大或缩小图形。此选项为系统默认的选项，直接按回车键即可选择该选项。

（6）动态（D）

该选项为动态缩放，通过构造一个视图框支持平移视图和缩放视图。

（7）缩放（S）

该选项按比例缩放视图。比如：在"输入比例因子(nX 或 nXP):"提示下，如果输入 0.5X，表示将屏幕上的图形缩小为当前尺寸的一半；如果输入 2X，表示使图形放大为当前尺寸的二倍。

图 2-14 "ZOOM"功能选项

（8）中心（C）

此项选择将按照输入的显示中心坐标，来确定显示窗口在整个图形范围中的位置，而显示区范围的大小，则由指定窗口高度来确定。

（9）对象（O）

该选项可以尽可能大地在窗口内显示选择的对象。

2.4.2　视图的平移

绘图过程中，由于屏幕大小有限。当前文件的图形不一定能全部显现出来。AutoCAD 2010 中的平移命令，用于平移当前显示区域中的图形，而不改变视图的大小。

实时平移命令的启动有以下几种方法。

① 命令行：PAN。

② 菜单："视图"|"平移"|"实时"。

③ 功能区："常用"标签|"实用程序"面板|"🖐"平移按钮。

④ 右键快捷方式：🖐 平移(A)。

执行命令后，光标变成手形，此时按住左键可以向任意方向平移，图形显示也随之移动。当某一方向移到图纸空间的边缘时，该方向不能再移动，光标相应地显示出水平或垂直方向的边界。

释放左键，平移停止，继续按左键，平移继续。如果需要停止平移，单击右键，选择"取消"，还可以按"Esc"或"Enter"键退出。

提示：各种视图的缩放和平移命令在执行过程中均可以按 Esc 键提前结束命令。

2.5

绘图辅助工具的应用

在绘图时，灵活运用 AutoCAD 所提供的绘图工具进行准确定位，可以有效地提高绘图的精确性和效率。在中文版 AutoCAD 2010 中，可以使用系统提供的"捕捉模式"、"栅格显示"、"正交模式"、"极轴追踪"、"对象捕捉"、"对象捕捉追踪"、"动态输入"和"快捷特性"等辅助工具，如图 2-15 所示。在这些工具的帮助下可快速、精确地绘制图形。

图 2-15　辅助工具栏

2.5.1　使用捕捉、栅格和正交功能定位点

在绘制图形时，尽管可以通过移动光标来指定点的位置，但却很难精确指定点的某一位置。因此，要精确定位点，必须使用坐标或捕捉功能。

1.　捕捉模式

"捕捉模式"用于设定鼠标光标移动的间距，即光标沿 X 轴与 Y 轴方向移动的间距，光标的移动量为步距的整数倍，从而保证光标取点的精确性。"栅格显示"是在绘图区域一些标定位置的可见小点，成网格状，起坐标纸的作用，可以提供直观的距离和位置参照，如图 2-16 所示。在 AutoCAD 2010 中，组合使用"捕捉模式"和"栅格显示"功能，可以提高绘图效率。

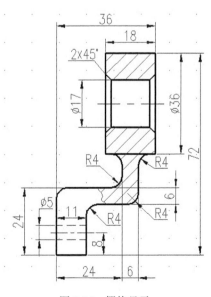

图 2-16　栅格显示

启动"捕捉模式"的方式有以下几种。

① 辅助工具栏："▦"按钮。

② 右键快捷方式：在"▦"按钮上单击右键，在快捷方式中选择相应选项。

③ 命令：SNAP。

④ 功能键：F9。

执行该命令后，命令行提示如下。

命令：_SNAP
指定捕捉间距或 [开(ON)/关(OFF)/纵横向间距(A)/样式(S)/类型(T)] <10.0000>：

各选项功能介绍如下。

开（ON）：使用捕捉栅格的当前设置激活捕捉模式。

关（OFF）：关闭捕捉模式但保留当前设置。

纵横向间距（A）：在 X 和 Y 方向指定不同的间距。如果当前捕捉模式为"等轴测"，则不能使用此选项。

样式（S）：指定"捕捉"栅格的样式为标准或等轴测。

类型（T）：指定捕捉类型。PolarSnap 或矩形捕捉。

2. 栅格显示

启动"栅格显示"的方式有以下几种。

① 命令：GRID。

② 辅助工具栏："▦"按钮。

③ 右键快捷方式：在"▦"按钮上单击右键，在快捷方式中选择相应选项。

④ 功能键：F7。

执行该命令后，命令行提示如下。

命令：_ GRID
指定栅格间距(X)或 [开(ON)/关(OFF)/捕捉(S)/主(M)/自适应(D)/界限(L)/跟随(F)/纵横向间距(A)]
<10.0000>：

各选项功能介绍如下。

开（ON）：打开使用当前间距的栅格。

关（OFF）：关闭栅格。

捕捉（S）：将栅格间距设置为由"捕捉模式"命令指定的捕捉间距。

主（M）：指定主栅格线与次栅格线比较的频率。将以除二维线框之外的任意视觉样式显示栅格线而非栅格点。

自适应（D）：控制放大或缩小时栅格线的密度。

界限（L）：显示超出"绘图界限"命令指定区域的栅格。

跟随（F）：更改栅格平面以跟随动态 UCS 的 XY 平面。

纵横向间距（A）：更改 X 和 Y 方向上的栅格间距。

3. 设置捕捉和栅格参数

设置捕捉和栅格参数，需要调出"草图设置"对话框，如图 2-17 所示。

图 2-17 "草图设置"对话框

调出"草图设置"对话框的方法有以下几种。

① 单击菜单："工具" | "草图设置"。

② 右键快捷方式：在辅助工具栏中的"▦"、"▦"、"☞"、"□"、"∠"、"╘"和"▦"等按钮上单击右键，在快捷菜单中选择"设置"选项。

③ 命令：DSETTINGS。

在其中"捕捉和栅格"选项中设置各种需要的参数。

4. 使用正交模式定位点

"正交模式"决定着光标只能沿水平或垂直方向移动，所以绘制的线条只能是完全水平或垂直的。

启动"栅格显示"的方式有以下几种。

① 命令：ORTHO。

② 辅助工具栏："╘"按钮。

③ 右键快捷方式：在"╘"按钮上单击右键，在快捷方式中选择相应选项。

④ 功能键：F8。

执行该命令后，命令行提示如下。

```
命令：_ ORTHO
输入模式 [开(ON)/关(OFF)] <关>：
```

提示：当坐标旋转时，正交模式也作相应旋转。

2.5.2 使用对象捕捉功能

在绘图的过程中，经常要指定一些已有对象上的点，例如，端点、圆心和两个对象的交点等。如果只凭观察来拾取，不可能非常准确地找到这些点。为此，AutoCAD 2010 提供了对象捕捉功能，可以迅速、准确地捕捉到某些特殊点，从而精确地绘制图形。在 AutoCAD 2010 中，可以通过辅助工具栏对象捕捉按钮"□"开启和关闭对象捕捉和通过"草图设置"对话框中"对象捕捉"选项卡来设置对象捕捉模式。其调用方式有如下几种。

① 命令行：OSNAP。

② 菜单："工具"|"草图设置"|"对象捕捉"。

③ 右键快捷方式：在辅助工具栏中的"□"按钮上单击右键，在快捷菜单中选择"设置"选项。

执行后，弹出"草图设置"对话框，如图 2-18 所示。

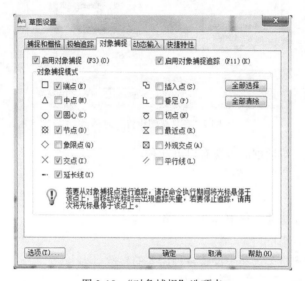

图 2-18 "对象捕捉"选项卡

其中各参数含义说明如下。

端点：捕捉到圆弧、椭圆弧、直线、多行、多段线线段、样条曲线、面域或射线最近的端点，或捕捉宽线、实体或三维面域的最近角点。

中点：捕捉到圆弧、椭圆、椭圆弧、直线、多行、多段线线段、面域、实体、样条曲线或参照线的中点。

圆心：捕捉到圆弧、圆、椭圆或椭圆弧的中心。

节点：捕捉到点对象、标注定义点或标注文字原点。

象限点：捕捉到圆弧、圆、椭圆或椭圆弧的象限点。

交点：捕捉到圆弧、圆、椭圆、椭圆弧、直线、多行、多段线、射线、面域、样条曲线或参照线的交点。"延伸交点"不能用作执行对象捕捉模式。

提示：如果同时打开"交点"和"外观交点"执行对象捕捉，可能会得到不同的结果。

延伸线：当光标经过对象的端点时，显示临时延长线或圆弧，以便用户在延长线或圆弧上指定点。

提示：在透视视图中进行操作时，不能沿圆弧或椭圆弧的延伸线进行追踪。

插入点：捕捉到属性、块、形或文字的插入点。

垂足：捕捉圆弧、圆、椭圆、椭圆弧、直线、多行、多段线、射线、面域、实体、样条曲线或参照线的垂足。

切点：捕捉到圆弧、圆、椭圆、椭圆弧或样条曲线的切点。

最近点：捕捉到圆弧、圆、椭圆、椭圆弧、直线、多行、点、多段线、射线、样条曲线或参照线的最近点。

外观交点：捕捉到不在同一平面但是可能看起来在当前视图中相交的两个对象的外观交点。

平行线：将直线段、多段线线段、射线或构造线限制为与其他线性对象平行。指定线性对象的第一点后，要指定平行对象捕捉。与在其他对象捕捉模式中不同，用户可以将光标和悬停移至其他线性对象，直到获得角度。然后，将光标移回正在创建的对象。如果对象的路径与上一个线性对象平行，则会显示对齐路径，用户可将其用于创建平行对象。

全部选择：打开所有对象捕捉模式。

全部清除：关闭所有对象捕捉模式。

2.5.3　使用自动追踪

在 AutoCAD 2010 中，自动追踪可按指定角度绘制对象，或者绘制与其他对象有特定关系的对象。自动追踪功能分为极轴追踪和对象捕捉追踪两种，是非常有用的辅助绘图工具。

极轴追踪是按事先给定的角度增量来追踪特征点。而对象捕捉追踪则按与对象的某种特定关系来追踪，这种特定的关系确定了一个未知角度。也就是说，如果事先知道要追踪的方向（角度），则使用极轴追踪；如果事先不知道具体的追踪方向（角度），但知道与其他对象的某种关系（如相交），则用对象捕捉追踪。极轴追踪和对象捕捉追踪可以同时使用。

1．极轴追踪

启动"极轴追踪"的方式有如下几种。

① 辅助工具栏："　"按钮。

② 右键快捷方式：在"　"按钮上单击右键，在快捷方式中选择相应选项。

③ 功能键：F10。

极轴追踪设置同样在"草图设置"对话框极轴追踪选项卡中进行，如图 2-19 所示。

图 2-19　"极轴追踪"选项卡

其中各个参数含义介绍如下。

① 启用极轴追踪：打开或关闭极轴追踪。

② 极轴角设置：在"增量角"中设置用来显示极轴追踪对齐路径的极轴角增量。可以输入任何角度，也可以从列表中选择 90、45、30、22.5、18、15、10 或 5 这些常用角度。

还可以在"附加角"中对极轴追踪使用列表中的任何一种附加角度。如果选定"附加角"，将列出可用的附加角度。要添加新的角度，请单击"新建"。要删除现有的角度，请单击"删除"。

提示：附加角度是绝对的，而非增量的。

③ 设置对象捕捉追踪方式：有"仅正交追踪"和 "用所有极轴角设置追踪"两种方式。

仅正交追踪：当对象捕捉追踪打开时，仅显示已获得的对象捕捉点的正交（水平/垂直）对象捕捉追踪路径。

用所有极轴角设置追踪：将极轴追踪设置应用于对象捕捉追踪。使用对象捕捉追踪时，光标将从获取的对象捕捉点起沿极轴对齐角度进行追踪。

④ 设置极轴角测量：有以下两种方式。

绝对：根据当前用户坐标系（UCS）确定极轴追踪角度。

相对上一段：根据上一个绘制线段确定极轴追踪角度。

2. 对象捕捉追踪

启用"对象捕捉追踪"有如下几种方式。

① 辅助工具栏："∠"按钮。

② 右键快捷方式：在"∠"按钮上单击右键，在快捷方式中选择相应选项。

③ 功能键：F11。

在 AutoCAD 2010 中，通过使用"对象捕捉追踪"可以使对象的某些特征点成为追踪的基准点，根据此基准点沿正交方向或极轴方向形成追踪线，进行追踪。

提示：可以在"极轴追踪"选项卡的"设置对象捕捉追踪方式"一栏中对"对象捕捉追踪"进行设置。

2.5.4　动　态　输　入

AutoCAD 2010 提供了动态输入功能，即在光标附近提供了一个命令界面，以帮助用户专注于绘图区域，如图 2-20 所示。启用"动态输入"时，工具提示将在光标附近显示信息，该信息会随着光标的移动而动态更新。当某命令处于活动状态时，工具提示将为用户提供输入的位置。在输入字段中输入值并按 Tab 键后，该字段将显示一个锁定图标，并且光标会受用户输入的值约束。随后可以在第二个输入字段中输入值。另外，如果用户输入值然后按 Enter 键，则第二个输入字段将被忽略，且该值将被视为直接距离输入。完成命令或使用夹点所需的动作与命令提示中的动作类似。区别是用户的注意力可以保持在光标附近。动态输入不会取代命令窗口。用户可以隐藏命令窗口以增加绘图屏幕区域，但是在有些操作中还是需要显示命令窗口。按 F2 键可根据需要隐藏和显示命令提示和错误消息。另外，也可以浮动命令窗口，并使用"自动隐藏"功能来展开或卷起该窗口。

使用夹点编辑对象时，标注输入工具提示可能会显示以下信息，如图 2-20 所示。

① 旧的长度。

② 移动夹点时更新的长度。

③ 长度的改变。

④ 角度。

⑤ 移动夹点时角度的变化。

⑥ 圆弧的半径。

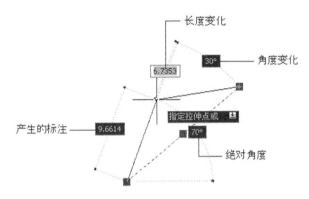

图 2-20　夹点编辑"动态输入"显示

启用"动态输入"的方式有如下几种。

① 辅助工具栏："┣" 按钮。

② 右键快捷方式：在"┣"按钮上单击右键，在快捷方式中选择相应选项。

③ 功能键：F12。

可以在"草图设置"对话框中"动态输入"选项卡对其进行设置，如图 2-21 所示

图 2-21　"动态输入"选项卡

"草图设置"对话框中的"动态输入"选项卡可进行控制指针输入、标注输入、动态提示以
及绘图工具提示的外观的设置。

（1）控制指针输入

启用指针输入：如果同时打开指针输入和标注输入，则标注输入在可用时将取代指针输入，如图 2-22 所示。

指针输入工具提示中的十字光标位置的坐标值将显示在光标旁边。命令提示输入点时，可以在工具提示中输入坐标值，而不用在命令行上输入。

（2）标注输入

启用标注输入：标注输入不适用于某些提示输入第二个点的命令，如图 2-23 所示。

标注输入：当命令提示输入第二个点或距离时，将显示标注和距离值与角度值的工具提示。标注工具提示中的值将随光标移动而更改。可以在工具提示中输入值，而不用在命令行上输入值。

（3）动态提示

需要时将在光标旁边显示工具提示中的提示，以完成命令。可以在工具提示中输入值，而不用在命令行上输入值。

在十字光标旁边显示命令提示和命令输入，显示"动态输入"工具提示中的提示。

（4）绘图工具提示的外观

单击"设置工具栏提示外观"可调出"工具提示外观"对话框对"工具栏提示外观"进行设置，如图 2-24 所示。

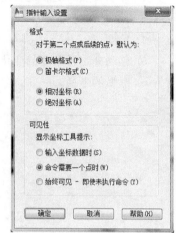

图 2-22 "指针输入设置"对话框

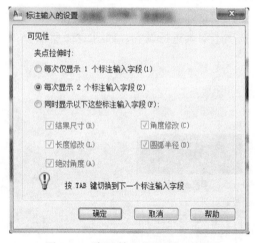

图 2-23 "标注输入的设置"对话框

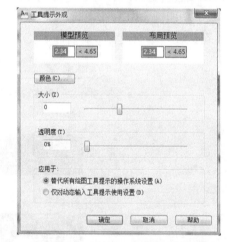

图 2-24 "工具提示外观"对话框

2.5.5 使用快捷特性

在 AutoCAD 2010 中，新增了快捷特性功能，当用户选择对象时，即可显示快捷特性面板，如图 2-25 所示，从而方便修改对象的属性。

启动"快捷特性"的方式有如下几种。

① 辅助工具栏："▣"按钮。

② 右键快捷方式：在"▣"按钮上单击右键，在快捷方式中选择相应选项。

③ 功能键：组合键"Ctrl+Shift+P"。

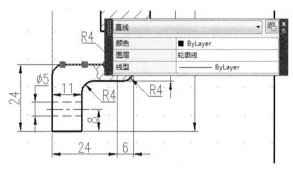

图 2-25 "快捷特性"面板

在"草图设置"对话框的"快捷特性"选项卡中，选中"启用快捷特性"复选框可以启用快捷特性功能，如图 2-26 所示。

图 2-26 "快捷特性"选项卡

"快捷特性"选项卡中的各项含义说明如下。

① 启用快捷特性选项板。根据对象类型打开或关闭"快捷特性"面板的显示。

② 选项板显示。"针对所有对象"将"快捷特性"面板设置为对选择的任何对象都显示；"仅针对具有指针特性的对象"将"快捷特性"面板设置为仅对已在自定义用户界面（CUI）编辑器中定义为显示特性的对象显示。

③ 选项板位置。

由光标位置决定：将位置模式设置为"光标"。在光标模式下，"快捷特性"面板将显示在相对于所选对象的位置。

象限点：指定要显示"快捷特性"面板的相对位置。可以选择四个象限之一：右上、左上、右下或左下。

距离：设置在位置模式下选择"光标"时的距离。可以在范围 0 ~ 400 之间指定值（仅限整数值）。

固定：将位置模式设置为"固定"。在固定模式下，除非手动重新定位"快捷特性"面板的位置，否则将显示在同一位置。

④选项板行为。设置"快捷特性"面板的大小。

自动收拢选项板：使"快捷特性"面板在空闲状态下仅显示指定数量的特性。

默认高度：为"快捷特性"面板设置在收拢的空闲状态下显示的默认特性数量。可以指定 1 ~ 30 之间的值（仅限整数值）。

第3章

绘制基本平面图形

【学习目标】

本章主要介绍点、直线、圆弧、图、椭圆、矩形、多边形等基本几何元素的画法，通过绘制一些平面图形实例，介绍 AutoCAD 常用的绘图与修改命令及绘制平面图形的一般方法步骤，使用户能尽快掌握 AutoCAD 的基本作图方法，为今后的学习打下一个良好的基础。

【本章重点】

掌握"绘图"菜单与"绘图"工具栏的使用。

【本章难点】

样条曲线的绘制、图案填充及区域覆盖等。

3.1 绘制点

3.1.1 点的样式设置

选择"格式"|"点样式"命令，即执行 DDPTYPE 命令，AutoCAD 2010 弹出图 3-1 所示的"点样式"对话框，用户可通过该对话框选择自己需要的点样式。此外，还可以利用对话框中的"点大小"编辑框确定点的大小，有以下两种情况。

① 相对于屏幕设置大小：当滚动滚轴时，点大小随屏幕分辨率大小而改变。

② 按绝对单位设置大小：点大小不会改变。

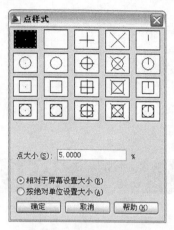

图 3-1 "点样式"对话框

3.1.2 绘 制 点

执行 POINT 命令，AutoCAD 2010 提示如下。

指定点：

在该提示下确定点的位置，AutoCAD 2010 就会在该位置绘制出相应的点。

3.1.3 绘制定数等分点

指将点对象沿对象的长度或周长等间隔排列。

选择"绘图"|"点"|"定数等分"命令，即执行 DIVIDE 命令，AutoCAD 2010 提示如下。

选择要定数等分的对象：(选择对应的对象)

输入线段数目或 [块(B)]：

在此提示下直接输入等分数，即响应默认项，AutoCAD 2010 在指定的对象上绘制出等分点。另外，利用"块（B）"选项可以在等分点处插入块。

【例 3-1】利用绘制直线命令，绘制三角形 ADE，如图 3-2 所示。

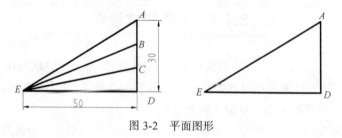

图 3-2 平面图形

绘图步骤如下。

① 将 AD 三等分。

下拉菜单："绘图"|"点"|"定数等分"

命令窗口：DIVIDE。

AutoCAD 2010 提示如下。

选择要定数等分的对象：单击 AD 直线	//选择目标。
输入线段数目：3 .	//等分线段数为 3

② 变换点的样式。

下拉菜单："格式" | "点样式..."。

该命令打开点样式对话框，如图 3-3 所示，选择除第一、第二种以外任何一种即可。图形变为如图 3-4 所示形式。

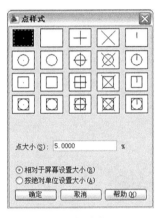

图 3-3 点样式设置

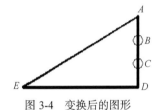

图 3-4 变换后的图形

③ 连接 EB 和 EC 两直线，图形变为如图 3-5 所示。

输入直线命令。

AutoCAD 2010 提示如下。

Line 指定第一点：利用端点捕捉，找到 E 点。	//确定目标点 E。
指定下一点：利用节点捕捉，找到 B 点。	//确定目标点 B。

同理绘出 EC 直线。

④ 删除 B、C 两点，图形变为如图 3-6 所示的形式。

方法 1：将 B、C 两点选中，删除。

方法 2：将点式样恢复到原来的式样。

图形绘制完成。

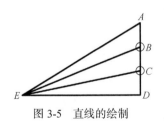

图 3-5 直线的绘制

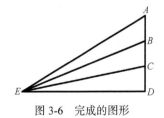

图 3-6 完成的图形

3.1.4 绘制定距等分点

指将点对象在指定的对象上按指定的间隔放置。

选择"绘图"|"点"|"定距等分"命令，即执行 MEASURE 命令，AutoCAD 2010 提示如下。

```
选择要定距等分的对象:(选择对象)
指定线段长度或 [块(B)]:
```

在此提示下直接输入长度值，即执行默认项，AutoCAD 2010 在对象上的对应位置绘制出点。同样，可以利用"点样式"对话框设置所绘制点的样式。如果在"指定线段长度或 [块（B）]:"提示下执行"块（B）"选项，则表示将在对象上按指定的长度插入块。

图 3-7　定距等分已知线段

3.2 | 直线类对象的绘制

在所有的图形对象中，直线是最基本的图形对象之一。

3.2.1　直线的绘制

绘制直线的命令是 LINE，在 AutoCAD 2010 中，调用"直线"命令的方式有以下三种。

① 命令行：LINE 或 L。

② 菜单："绘图"|"直线"。

③ 功能区："常用"标签|"绘图"面板|"✏直线"。

【例 3-2】绘制一个任意六边形，如图 3-8 所示。

操作过程如下。

```
命令: _line
指定第一点:（在绘图区域中任意指定一点）
指定下一点或 [放弃(U)]: @80,0
指定下一点或 [放弃(U)]: @80<60
指定下一点或 [闭合(C)/放弃(U)]: @80<150
指定下一点或 [闭合(C)/放弃(U)]: @-120,0
指定下一点或 [闭合(C)/放弃(U)]: @0,-80
指定下一点或 [闭合(C)/放弃(U)]: C
```

提示：

① 若用 Enter 键响应"指定第一点:"提示，系统会把上次绘制线段的终点作为本次操作的起始点。

② 执行画线命令一次可画一条线段，也可以连续画多条线段。在响应"指定下一点:"提

示时，用户可以指定多个端点，从而绘制出多条直线段，每条直线段都是一个独立的图形实体。

③ 绘制两条以上直线段后，若用"C"响应"指定下一点："提示时，系统会自动连接起始点和最后一个端点，从而绘出封闭图形。若用"U"响应"指定下一点："提示时，系统会删除刚刚画出的线段。连续输入"U"并按 Enter，即可连续取消相应的线段。

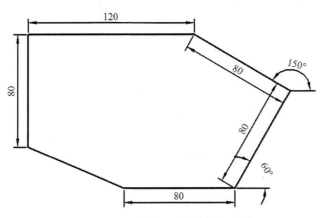

图 3-8 用"直线"命令绘制五边形

3.2.2 射线的绘制

射线是以某点为起点，且在单方向上无限延长的直线，用来作为图形设计的辅助线以帮助定位，如图 3-9 所示。

在 AutoCAD 2010 中，"射线"命令的调用方式有以下三种。

① 命令行：RAY。

② 菜单："绘图"|"射线"。

③ 功能区："常用"标签|"绘图"面板|"✎射线"。

执行该命令后，命令行提示如下。

命令：ray
指定起点：(给出起点)
指定通过点：(给出通过点，画出射线)
指定通过点：(按鼠标右键或 Enter 键结束)

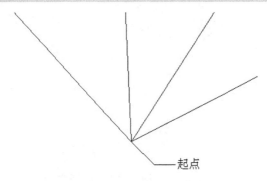

图 3-9 绘制一组同起点的射线

3.2.3　构造线的绘制

构造线在制图中常用作绘图的辅助线，其两端可以无限延伸，没有起点和终点。

在 AutoCAD 2010 中，"构造线"命令的调用方式有以下三种。

① 命令行：XLINE。

② 菜单："绘图"|"构造线"。

③ 功能区："常用"标签|"绘图"面板|"🖉构造线"。

执行该命令后，命令行提示如下。

> 命令：_xline 指定点或 [水平(H)/垂直(V)/角度(A)/二等分(B)/偏移(O)]：

此时，可以选定任意一点即可绘制出一条构造线，还可以运用其他方式进行绘制。

① 选择"水平（H）"方式。该选项可以画出一条或多条通过指定点且平行于 X 轴的构造线。命令行提示如下。

> 命令：_xline 指定点或 [水平(H)/垂直(V)/角度(A)/二等分(B)/偏移(O)]：H
>
> 指定通过点：（指定通过点，画出一条水平构造线）
>
> 指定通过点：（继续给点，继续绘制构造线，单击鼠标右键或按 Enter 键结束）

② 选择"竖直（V）"方式。该选项可以画出一条或多条通过指定点且垂直于 X 轴的构造线。操作同"水平（H）"方式。

③ 选择"角度（A）"方式。该选项可以画一条或多条指定角度的构造线。命令行提示如下。

> 命令：_xline 指定点或 [水平(H)/垂直(V)/角度(A)/二等分(B)/偏移(O)]：A
>
> 输入构造线的角度 (0) 或 [参照(R)]：60　（输入所绘制的构造线与 X 轴的角度（60°，按 Enter 键）
>
> 指定通过点：（指定通过点，画出一条与 X 轴角度为 30° 的构造线）
>
> 指定通过点：（继续给点，继续绘制构造线，单击鼠标右键或按 Enter 键结束）

④ 选择"二等分（B）"方式。该选项可以画角平分线（不在同一条直线上三点所构成的角）或多条结构线，如图 3-10 所示。命令行提示如下。

> 命令：_xline 指定点或 [水平(H)/垂直(V)/角度(A)/二等分(B)/偏移(O)]：B
>
> 指定角的顶点：（要等分角的顶点）
>
> 指定角的起点：（要等分角的起点）
>
> 指定角的端点：（要等分角的端点）
>
> 指定角的端点：（继续给点，继续绘制构造线，单击鼠标右键或按 Enter 键结束）

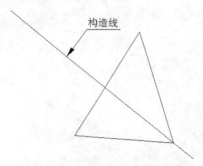

构造线

图 3-10　用"二等分（B）"方式绘制构造线

⑤ 选择"偏移（O）"方式。该选项可以画一条或多条与已知直线平行的构造线，如图 3-11

所示，命令行提示如下。

> 命令：_xline 指定点或 [水平(H)/垂直(V)/角度(A)/二等分(B)/偏移(O)]: O
> 指定偏移距离或 [通过(T)] <通过>: 10（输入偏移距离，按 Enter 键）
> 选择直线对象：（选择一条已知直线）
> 指定向哪侧偏移：（用鼠标单击指定偏移的侧向，画出一条构造线）
> 选择直线对象：（继续给点，继续绘制构造线，单击鼠标右键或按 Enter 键结束）

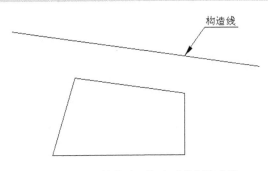

图 3-11 用"偏移（O）"方式绘制构造线

3.3 多段线、多线的绘制

3.3.1 多段线的绘制

多段线由相连的直线段或弧线组成，并作为单一实体使用。这种组合形式多样，线宽可变化，弥补了直线或圆弧功能的不足，适合绘制各种复杂的图形轮廓，得到广泛应用。

在 AutoCAD 2010 中，"多段线"命令的调用方式有以下三种。

① 命令行：PLINE。

② 菜单："绘图" | "多段线"。

③ 功能区："常用"标签| "绘图"面板| " 多段线"。

执行该命令后，命令行提示如下。

> 命令：_pline
> 指定起点：
> 当前线宽为 0.0000
> 指定下一个点或 [圆弧(A)/半宽(H)/长度(L)/放弃(U)/宽度(W)]:

选项说明如下。

① 圆弧（A）：用于从直线切换到圆弧绘制方式，命令行提示如下。

> 指定下一个点或 [圆弧(A)/半宽(H)/长度(L)/放弃(U)/宽度(W)]: A
> 指定圆弧的端点或[角度(A)/圆心(CE)/ 闭合(CL)/方向(D)/半宽(H)/直线(L)/半径(R)/第二个点(S)/放弃(U)/宽度(W)]:

② 半宽（H）：设置多段线的半宽度。

③ 长度（L）：用于确定多段线的长度。

④ 放弃（U）：用于取消前一次绘制的多段线。

⑤ 宽度（W）：该选项用于确定多线段的宽度，操作方法与半宽选项相类似。主要用于绘制箭头之类的图形。

⑥ 闭合（C）：执行该选项，封闭多段线，并结束多段线命令。

【例 3-3】 绘制矩形，外层矩形长为 120mm、宽为 80mm、线宽为 4mm，圆角半径为 10mm。操作步骤如下。

```
命令: _pline
指定起点:
当前线宽为 0.0000
指定下一个点或 [圆弧(A)/半宽(H)/长度(L)/放弃(U)/宽度(W)]: W
指定起点宽度 <0.0000>: 4
指定端点宽度 <4.0000>:
指定下一个点或 [圆弧(A)/半宽(H)/长度(L)/放弃(U)/宽度(W)]: @100,0
指定下一点或 [圆弧(A)/闭合(C)/半宽(H)/长度(L)/放弃(U)/宽度(W)]: A
指定圆弧的端点或[角度(A)/圆心(CE)/闭合(CL)/方向(D)/半宽(H)/直线(L)/半径(R)/第二个点(S)/放弃(U)/宽度(W)]: A
指定包含角: 90
指定圆弧的端点或 [圆心(CE)/半径(R)]: R
指定圆弧的半径: 10
指定圆弧的弦方向 <0>: 45
指定圆弧的端点或[角度(A)/圆心(CE)/闭合(CL)/方向(D)/半宽(H)/直线(L)/半径(R)/第二个点(S)/放弃(U)/宽度(W)]: L
指定下一点或 [圆弧(A)/闭合(C)/半宽(H)/长度(L)/放弃(U)/宽度(W)]: @0,60
指定下一点或 [圆弧(A)/闭合(C)/半宽(H)/长度(L)/放弃(U)/宽度(W)]: A
指定圆弧的端点或[角度(A)/圆心(CE)/闭合(CL)/方向(D)/半宽(H)/直线(L)/半径(R)/第二个点(S)/放弃(U)/宽度(W)]: A
指定包含角: 90
指定圆弧的端点或 [圆心(CE)/半径(R)]: R
指定圆弧的半径: 10
指定圆弧的弦方向 <90>: 135
指定圆弧的端点或[角度(A)/圆心(CE)/闭合(CL)/方向(D)/半宽(H)/直线(L)/半径(R)/第二个点(S)/放弃(U)/宽度(W)]: L
指定下一点或 [圆弧(A)/闭合(C)/半宽(H)/长度(L)/放弃(U)/宽度(W)]: @-100,0
指定下一点或 [圆弧(A)/闭合(C)/半宽(H)/长度(L)/放弃(U)/宽度(W)]: A
指定圆弧的端点或[角度(A)/圆心(CE)/闭合(CL)/方向(D)/半宽(H)/直线(L)/半径(R)/第二个点(S)/放弃(U)/宽度(W)]: A
指定包含角: 90
指定圆弧的端点或 [圆心(CE)/半径(R)]: R
指定圆弧的半径: 10
指定圆弧的弦方向 <180>: 225
指定圆弧的端点或[角度(A)/圆心(CE)/闭合(CL)/方向(D)/半宽(H)/直线(L)/半径(R)/第二个点(S)/放
```

弃(U)/宽度(W)]: L

指定下一点或 [圆弧(A)/闭合(C)/半宽(H)/长度(L)/放弃(U)/宽度(W)]: @0,-60

指定下一点或 [圆弧(A)/闭合(C)/半宽(H)/长度(L)/放弃(U)/宽度(W)]: A

指定圆弧的端点或[角度(A)/圆心(CE)/闭合(CL)/方向(D)/半宽(H)/直线(L)/半径(R)/第二个点(S)/放弃(U)/宽度(W)]: A

指定包含角: 90

指定圆弧的端点或 [圆心(CE)/半径(R)]: R

指定圆弧的半径: 10

指定圆弧的弦方向 <270>: -45

指定圆弧的端点或[角度(A)/圆心(CE)/闭合(CL)/方向(D)/半宽(H)/直线(L)/半径(R)/第二个点(S)/放弃(U)/宽度(W)]: CL 或单击鼠标右键点"闭合"

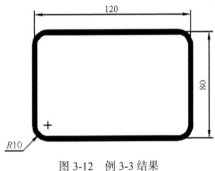

图 3-12　例 3-3 结果

3.3.2　多线的绘制

多线是一种复合线，它可以由 1～16 条平行线组成。这些平行线称为元素，通过创建多线样式，可以控制元素的数量及特性。其优点是能够提高绘图效率，保证图线之间的统一性。多线常用于建筑图的绘制。

1. 定义多线样式

定义多线样式命令可用以下两种调用方式。

① 命令行：MLSTYLE。

② 菜单："格式"|"多线样式"。

弹出图 3-13 所示的"多线样式"的对话框，单击"新建"按钮，系统打开图 3-14 所示的"创建新的多线样式"对话框。

在"新建样式"文本框中键入新样式名称，单击"继续"按钮，系统打开"新建多线样式"对话框，如图 3-15 所示。

选项说明如下。

① "封口"选项组：用于设定多线起点和终点的线型类型及偏移角度。

② "元素"选项组：用于设定多线的距离、多线的个数；每条线段的颜色、线型等。

③ "填充"选项组：用于设定多线内部填充的颜色。

图 3-13 "多线样式"对话框

图 3-14 "创建新的多线样式"对话框

图 3-15 "新建多线样式"对话框

2. 绘制多线

在 AutoCAD 2010 中，"多线"命令的调用方式有以下两种。

① 命令行：MLINE。

② 菜单："绘图"|"多线"。

【例 3-4】按照上述步骤设置的多线样式"样式 1"，绘制如图 3-16 所示的墙体图形。

操作步骤如下。

```
命令: MLINE
当前设置: 对正 = 上, 比例 = 1.00, 样式 = STANDARD
指定起点或 [对正(J)/比例(S)/样式(ST)]: st
输入多线样式名或 [?]: 样式 1
```

当前设置：对正 = 上，比例 = 1.00，样式 = 样式1
指定起点或 [对正(J)/比例(S)/样式(ST)]：
指定下一点：@400,0
指定下一点或 [放弃(U)]：@0,-500
指定下一点或 [闭合(C)/放弃(U)]：@500,0
指定下一点或 [闭合(C)/放弃(U)]：@0,650
指定下一点或 [闭合(C)/放弃(U)]：@-900,0
指定下一点或 [闭合(C)/放弃(U)]：c

绘制结果如图 3-16 所示。

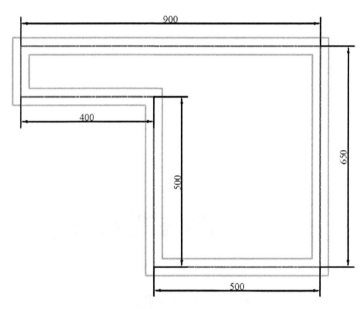

图 3-16 用多线绘制的墙体

选项说明如下。

① "对正（J）"：用于给定绘制多线的基准。有上对正、无对正和下对正三种，其中"上对正"表示一多线上侧的线为基准，其他依此类推。

② "比例（S）"：用于设定平行线的间距。这个比例只改变多线的宽度，而不影响多线的线型比例。

③ "样式（ST）"：用于设定当前使用的多线样式。

3. 多线的编辑

在绘制多线的过程中，可根据需要对多线按指定的方式进行编辑，编辑命令调用方式有以下三种。

① 命令行：MLEDIT。

② 菜单："修改" | "对象" | "多线"。

③ 鼠标左键双击所需编辑的多线对象。

执行该命令后，弹出"多线编辑工具"对话框，如图 3-17 所示。从中选择合适的编辑工具，返回绘图界面，根据提示对所需修改的多线进行编辑。

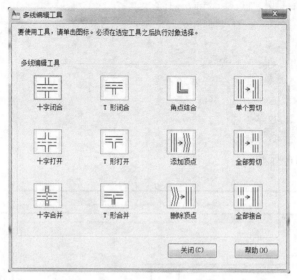

图 3-17 "多线编辑工具"对话框

3.4

平面多边形的绘制

3.4.1 矩形的绘制

矩形是绘图中应用较多也是常用的基本图元。在 AutoCAD 2010 中，可以使用 RECTANG 命令直接绘制由两个角点确定的矩形。

在 AutoCAD 2010 中，"矩形"命令的调用方式有以下三种。

① 命令行：RECTANG。

② 菜单："绘图" | "矩形"。

③ 功能区："常用"标签| "绘图"面板| "□矩形"。

绘制矩形可以通过以下几种方式。

① 默认角点方式，如图 3-18 所示。操作步骤如下。

```
命令: _rectang
指定第一个角点或 [倒角(C)/标高(E)/圆角(F)/厚度(T)/宽度(W)]: 0,0
指定另一个角点或 [面积(A)/尺寸(D)/旋转(R)]: d
指定矩形的长度 <30.0000>: 50
指定矩形的宽度 <20.0000>: 30
指定另一个角点或 [面积(A)/尺寸(D)/旋转(R)]:（单击鼠标左键，确定绘制矩形所处象限）
```

用户除了可以直接绘制上述的矩形外，还可以对矩形倒角或倒圆角，以及改变矩形的线宽。

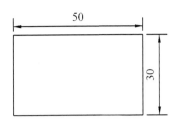

图 3-18　默认角点方式绘制矩形

②"倒角（C）"方式：按指定的倒角距离绘制矩形，如图 3-19 所示。操作步骤如下。

```
命令：_rectang
指定第一个角点或 [倒角(C)/标高(E)/圆角(F)/厚度(T)/宽度(W)]：C
指定矩形的第一个倒角距离 <0.0000>：4
指定矩形的第二个倒角距离 <4.0000>：
指定第一个角点或 [倒角(C)/标高(E)/圆角(F)/厚度(T)/宽度(W)]：（任意指定一点）
指定另一个角点或 [面积(A)/尺寸(D)/旋转(R)]：D
指定矩形的长度 <50.0000>：50
指定矩形的宽度 <30.0000>：30
指定另一个角点或 [面积(A)/尺寸(D)/旋转(R)]：（单击鼠标左键，确定绘制矩形所处象限）
```

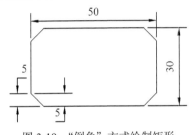

图 3-19　"倒角"方式绘制矩形

③"圆角（F）"方式：按指定的圆角半径绘制矩形，如图 3-20 所示，操作步骤如下。

```
命令：_rectang
指定第一个角点或 [倒角(C)/标高(E)/圆角(F)/厚度(T)/宽度(W)]：F
指定矩形的圆角半径 <0.0000>：5
指定第一个角点或 [倒角(C)/标高(E)/圆角(F)/厚度(T)/宽度(W)]：（任意指定一点）
指定另一个角点或 [面积(A)/尺寸(D)/旋转(R)]：D
指定矩形的长度 <50.0000>：50
指定矩形的宽度 <30.0000>：30
指定另一个角点或 [面积(A)/尺寸(D)/旋转(R)]：（单击鼠标左键，确定绘制矩形所处象限）
```

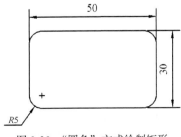

图 3-20　"圆角"方式绘制矩形

④ "宽度(W)"绘制矩形：指定线宽，如图 3-21 所示。操作步骤如下。

```
命令: _rectang
当前矩形模式:  圆角=5.0000
指定第一个角点或 [倒角(C)/标高(E)/圆角(F)/厚度(T)/宽度(W)]: w
指定矩形的线宽 <0.0000>: 2
指定第一个角点或 [倒角(C)/标高(E)/圆角(F)/厚度(T)/宽度(W)]:(任意指定一点)
指定另一个角点或 [面积(A)/尺寸(D)/旋转(R)]: d
指定矩形的长度 <50.0000>: 50
指定矩形的宽度 <30.0000>: 30
指定另一个角点或 [面积(A)/尺寸(D)/旋转(R)]:（单击鼠标左键，确定绘制矩形所处象限）
```

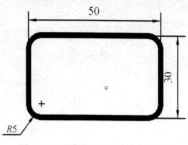

图 3-21 "线宽"方式绘制矩形

⑤ "旋转（R）"方式绘制矩形：旋转所绘制的矩形一定角度，如图 3-22 所示。操作步骤如下。

```
命令: _rectang
当前矩形模式:  圆角=5.0000
指定第一个角点或 [倒角(C)/标高(E)/圆角(F)/厚度(T)/宽度(W)]: (任意指定一点)
指定另一个角点或 [面积(A)/尺寸(D)/旋转(R)]: r
指定旋转角度或 [拾取点(P)] <0>: 60
指定另一个角点或 [面积(A)/尺寸(D)/旋转(R)]: d
指定矩形的长度 <50.0000>:50
指定矩形的宽度 <30.0000>: 30
指定另一个角点或 [面积(A)/尺寸(D)/旋转(R)]:（单击鼠标左键，确定绘制矩形所处象限）
```

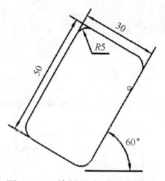

图 3-22 "旋转"方式绘制矩形

提示：利用 RECTANG 命令绘制的矩形是一条封闭的多线段。如果要单独地编辑某一条边，则必须用"分解"命令将其分开后才能进行单独的操作。

3.4.2　正多边形的绘制

在 AutoCAD 2010 中，可创建具有 3～1024 条等长边的闭合多段线，即可创建边数为 3～1024 的正多边形，非常方便。

在 AutoCAD 2010 中，"正多边形"命令的调用方式有以下三种。

① 命令行：POLYGON。

② 菜单："绘图" | "正多边形"。

③ 功能区："常用"标签 | "绘图"面板 | "◯正多边形"。

执行该命令后，命令行提示用户确定正多边形的边数，以及指定用内接圆或外切圆的方法绘制正多变形。

```
命令：_polygon 输入边的数目 <6>: 5
指定正多边形的中心点或 [边(E)]:
输入选项 [内接于圆(I)/外切于圆(C)] <I>:
```

可以通过以下几种方式绘制正多边形。

① 以"默认"方式绘制正多边形。按"内接于圆（I）"方式绘制正多边形，使得正多边形上各个顶点处于某一特定圆上，如图 3-23 所示。命令行提示如下。

```
命令：_polygon 输入边的数目 <4>:5
指定正多边形的中心点或 [边(E)]:
输入选项 [内接于圆(I)/外切于圆(C)] <I>:
指定圆的半径: 30
```

② "外切于圆（C）"方式绘制正多边形。按"外切于圆（C）"方式绘制正多边形，使得正多边形上各个边相切于某一特定圆上，如图 3-24 所示。命令行提示如下。

```
命令：_polygon 输入边的数目 <5>:
指定正多边形的中心点或 [边(E)]:
输入选项 [内接于圆(I)/外切于圆(C)] <I>: c
指定圆的半径: 30
```

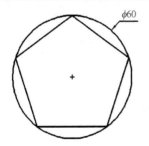

图 3-23　"内接于圆（I）"方式绘制正多边形

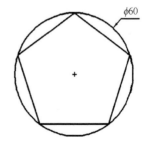

图 3-24　"外切于圆（C）"方式绘制正多边形

③ 按"边（E）"方式绘制正多边形。"边（E）"方式需指定所要绘制正多边形的边长，如图 3-25 所示。命令行提示如下。

```
命令：_polygon 输入边的数目 <5>:
指定正多边形的中心点或 [边(E)]: E
```

指定边的第一个端点：(任意指定一点)

指定边的第二个端点：@35,0

提示：如果选择"边（E）"选项，则只要指定正多边形的一条边，系统将按逆时针方向自动创建该正多边形。

【**例 3-5**】绘制如图 3-26 所示的螺母。

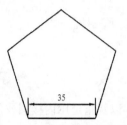

图 3-25 "边（E）"方式绘制正多边形

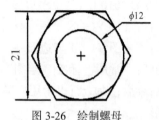

图 3-26 绘制螺母

操作步骤如下。

命令：_circle 指定圆的圆心或 [三点(3P)/两点(2P)/切点、切点、半径(T)]：

指定圆的半径或 [直径(D)] <12.0000>: 6

命令：. CIRCLE 指定圆的圆心或 [三点(3P)/两点(2P)/切点、切点、半径(T)]：

指定圆的半径或 [直径(D)] <6.0000>: 10.5

命令：

命令：

命令：_polygon 输入边的数目 <6>: 6

指定正多边形的中心点或 [边(E)]：

输入选项 [内接于圆(I)/外切于圆(C)] <I>: c

指定圆的半径：10.5（按 Enter 键结束）

3.5

圆、圆弧的绘制

AutoCAD 2010 提供了五种圆弧对象，包括圆、圆弧、圆环、椭圆和椭圆弧。本节将详细介绍它们的画法。

3.5.1 圆 的 绘 制

绘制圆命令是 AutoCAD 中最简单的曲线命令。在 AutoCAD 2010 中，"圆"命令的调用方式有以下三种。

① 命令行：CIRCLE。

② 菜单："绘图" | "圆"。

③ 功能区："常用"标签| "绘图"面板| " ⊙ ▾圆"。

AutoCAD 2010 的"圆"的子菜单中，提供了多种圆的绘制方法，如图 3-27 所示，用户可以根据不同的需要选择不同的方法。

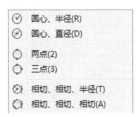

图 3-27 "圆"的子菜单

① "圆心、半径"方式绘制圆。采用"圆心、半径"方式绘制圆，要求用户输入圆心位置和半径大小，图 3-28 所示为"圆心、半径"方式绘制圆的实例。命令行提示如下。

> 命令：_circle 指定圆的圆心或 [三点(3P)/两点(2P)/切点、切点、半径(T)]：
> 指定圆的半径或 [直径(D)] <10.5>: 10

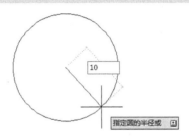

图 3-28 "圆心、半径"方式绘制圆

② "圆心、直径"方式绘制圆。采用"圆心、直径"方式绘制圆，要求用户输入圆心位置和直径大小，图 3-29 所示为"圆心、直径"方式绘制圆的实例。命令行提示如下。

> 命令：_circle 指定圆的圆心或 [三点(3P)/两点(2P)/切点、切点、半径(T)]：
> 指定圆的半径或 [直径(D)] <10.5>: _d 指定圆的直径 <21>: 20

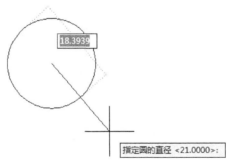

图 3-29 "圆心、直径"方式绘制圆

③ "两点（2P）"方式绘制圆。采用两点绘制圆方式要求用户通过确定直径来确定圆的大小及位置，即要确定直径上的两个端点。图 3-30 所示为"两点（2P）"方式绘制圆的实例。命令行提示如下。

> 命令：_circle 指定圆的圆心或 [三点(3P)/两点(2P)/切点、切点、半径(T)]：_2p 指定圆直径的第一个端点：
> 指定圆直径的第二个端点：20

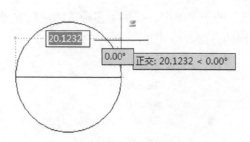

图 3-30 "两点（2P）"方式绘制圆

④ "三点（3P）"方式绘制圆。采用三点绘制圆方式要求用户输入圆周上的任意三个点，图 3-31 所示为"三点（3P）"方式绘制圆的实例。命令行提示如下。

命令：_circle 指定圆的圆心或 [三点(3P)/两点(2P)/切点、切点、半径(T)]：_3p 指定圆上的第一个点：
指定圆上的第二个点：
指定圆上的第三个点：

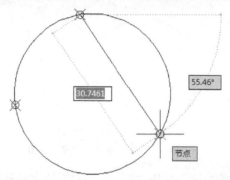

图 3-31 "三点（3P）"方式绘制圆

⑤ "相切、相切、半径（T）"方式绘制圆。当需要画两个实体的公切圆时可以采用这种方式，该方式要求用户确定公切圆和相切的两个实体以及公切圆的半径。图 3-32 所示为"相切、相切、半径（T）"方式绘制圆的实例。命令行提示如下。

命令：_circle 指定圆的圆心或 [三点(3P)/两点(2P)/切点、切点、半径(T)]：_ttr
指定对象与圆的第一个切点：
指定对象与圆的第二个切点：
指定圆的半径 <10.0000>: 10

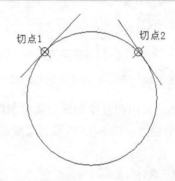

图 3-32 "相切、相切、半径（T）"方式绘制圆

提示：

a．采用"相切、相切、半径（T）"方式绘制圆时，通常要使用自动捕捉相切点的方法分别捕捉两个实体和想要绘制的圆的相切点，如图 3-33 所示。

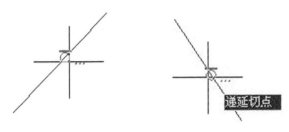

图 3-33 自动捕捉相切点

b．在"指定圆的半径 <10.0000>："提示时，如果输入的半径太小，这个公切圆就不存在，此时 AutoCAD 2010 将报告错误信息。

c．如果选择的两个实体是两条平行线，那么此时所输入的半径值为两条平行线之间垂直距离的一半。

⑥ "相切、相切、相切（A）"方式绘制圆。使用此命令绘制与三个已知实体同时相切的公切圆，该方法要求用户确定公切圆和这三个实体的相切点。图 3-34 所示为"相切、相切、相切（A）"方式绘制圆的实例。

命令：_circle 指定圆的圆心或 [三点(3P)/两点(2P)/切点、切点、半径(T)]：_3p 指定圆上的第一个点：_tan 到

指定圆上的第二个点：_tan 到

指定圆上的第三个点：_tan 到

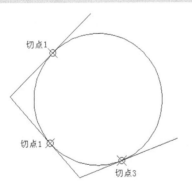

图 3-34 "相切、相切、相切（A）"方式绘制圆

3.5.2 圆弧的绘制

圆弧是圆的一部分。圆弧同样具有圆心和半径，而且还有起点和端点，因此可以通过指定圆弧的圆心、半径、起点、端点、角度、方向或弦长等参数的方法来绘制圆弧。

在 AutoCAD 2010 中，"圆弧"命令的调用有以下三种。

① 命令行：ARC。

② 菜单："绘图" | "圆弧"。

③ 功能区："常用"标签|"绘图"面板|" 圆弧"。

AutoCAD 2010 的"圆弧"子菜单中，提供了多种圆弧的绘制方法，如图 3-35 所示，用户可以根据不同的需要选择不同的方法。

① "三点（P）"方式绘制圆弧。使用"三点（P）"方式绘制圆弧，要求用户输入弧的起点、第二点和端点（终点）。图 3-36 所示为"三点（P）"方式绘制圆弧的实例。命令行提示如下。

命令：_arc
指定圆弧的起点或 [圆心(C)]：
指定圆弧的第二个点或 [圆心(C)/端点(E)]：
指定圆弧的端点：

图 3-35 "圆弧"的子菜单

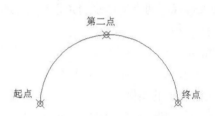

图 3-36 "三点（P）"方式绘制圆弧

提示：圆弧的方向由起点、终点的方向确定。顺时针或逆时针均可输入终点时，可采用拖曳方式将圆弧拖至所需的位置。

② "起点、圆心、端点（S）"方式绘制圆弧。当已知弧的起点、圆心和端点时，可以选择这种方式绘制圆弧。图 3-37 所示为"起点、圆心、端点（S）"方式绘制圆弧的实例。命令行提示如下。

命令：_arc
指定圆弧的起点或 [圆心(C)]：
指定圆弧的第二个点或 [圆心(C)/端点(E)]：_c 指定圆弧的圆心：
指定圆弧的端点或 [角度(A)/弦长(L)]：

图 3-37 "起点、圆心、端点（S）"方式绘制圆弧

提示："起点、圆心、端点（S）"方式绘制的圆弧不一定通过端点，端点和圆心的连线是弧长的截止点。

③ "起点、圆心、角度（T）"方式绘制圆弧。这种方式要求用户输入起点、圆心及其所对

应的圆心角的角度。图 3-38 所示为"起点、圆心、角度（T）"方式绘制圆弧的实例。命令行提示如下。

```
命令: _arc
指定圆弧的起点或 [圆心(C)]:
指定圆弧的第二个点或 [圆心(C)/端点(E)]: _c 指定圆弧的圆心:
指定圆弧的端点或 [角度(A)/弦长(L)]: _a 指定包含角: 150
```

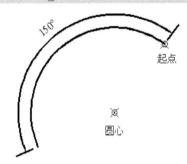

图 3-38　"起点、圆心、角度（T）"方式绘制圆弧

④ "起点、圆心、长度（A）"方式绘制圆弧。连接圆弧的两个端点的直线段称为弦。这种方式要求用户输入起点、圆心及其所对应的弦的长度。图 3-39 所示为"起点、圆心、长度（A）"方式绘制圆弧的实例。命令行提示如下。

```
命令: _arc
指定圆弧的起点或 [圆心(C)]:
指定圆弧的第二个点或 [圆心(C)/端点(E)]: _c 指定圆弧的圆心:
指定圆弧的端点或 [角度(A)/弦长(L)]: _l 指定弦长: 30
```

⑤ "起点、端点、角度（N）"方式绘制圆弧。这种方式要求用户输入起点、端点和角度，以确定圆弧的形状和大小。如图 3-40 所示为"起点、端点、角度（N）"方式绘制圆弧的实例。命令行提示如下。

```
命令: _arc
指定圆弧的起点或 [圆心(C)]:
指定圆弧的第二个点或 [圆心(C)/端点(E)]: _e
指定圆弧的端点:
指定圆弧的圆心或 [角度(A)/方向(D)/半径(R)]: _a 指定包含角: 120
```

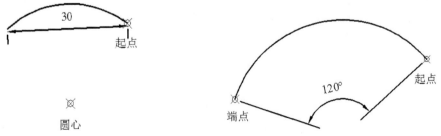

图 3.39　"起点、圆心、长度（A）"方式绘制圆弧　　图 3-40　"起点、端点、角度（N）"方式绘制圆弧

⑥ "起点、端点、方向（D）"方式绘制圆弧。这种方式要求用户输入起点、端点和起点的切向绘制圆弧。图 3-41 所示为"起点、端点、方向（D）"方式绘制圆弧的实例，其中点 a 为

确定圆弧方向位置。命令行提示如下。

命令: _arc
指定圆弧的起点或 [圆心(C)]:
指定圆弧的第二个点或 [圆心(C)/端点(E)]: _e
指定圆弧的端点:
指定圆弧的圆心或 [角度(A)/方向(D)/半径(R)]: _d 指定圆弧的起点切向:

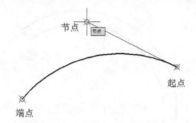

图 3-41 "起点、端点、方向（D）"方式绘制圆弧

⑦ "起点、端点、半径（R）"方式绘制圆弧。这种方式要求用户输入起点、端点和圆弧的半径。图 3-42 所示为 "起点、端点、半径（R）"方式绘制圆弧的实例。命令行提示如下。

命令: _arc
指定圆弧的起点或 [圆心(C)]:
指定圆弧的第二个点或 [圆心(C)/端点(E)]: _e
指定圆弧的端点:
指定圆弧的圆心或 [角度(A)/方向(D)/半径(R)]: _r 指定圆弧的半径: 50

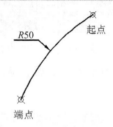

图 3-42 "起点、端点、半径（R）"方式绘制圆弧

⑧ "圆心、起点、端点（C）"方式绘制圆弧。这种方式要求用户输入圆心、起点和端点。图 3-43 所示为 "圆心、起点、端点（C）"方式绘制圆弧的实例。命令行提示如下。

命令: _arc
指定圆弧的起点或 [圆心(C)]: _c 指定圆弧的圆心:
指定圆弧的起点:
指定圆弧的端点或 [角度(A)/弦长(L)]:

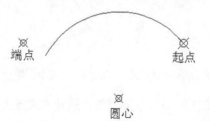

图 3-43 "圆心、起点、端点（C）"方式绘制圆弧

提示："圆心、起点、端点（C）"方式绘制的圆弧不一定通过端点，端点和圆心的连线是弧长的截止点。

⑨ "圆心、起点、角度（E）"方式绘制圆弧。这种方式要求用户输入圆心、起点和所绘制圆弧的半径。图 3-44 所示为"圆心、起点、角度（E）"方式绘制圆弧的实例。命令行提示如下。

命令：_arc 指定圆弧的起点或 [圆心(C)]：_c 指定圆弧的圆心：
指定圆弧的起点：
指定圆弧的端点或 [角度(A)/弦长(L)]：_a 指定包含角：75

图 3-44 "圆心、起点、角度（E）"方式绘制圆弧

⑩ "圆心、起点、长度（L）"方式绘制圆弧。这种方式要求用户输入圆心、起点和所绘制圆弧的弦长。图 3-45 所示为"圆心、起点、长度（L）"方式绘制圆弧的实例。命令行提示如下。

命令：_arc 指定圆弧的起点或 [圆心(C)]：_c 指定圆弧的圆心：
指定圆弧的起点：
指定圆弧的端点或 [角度(A)/弦长(L)]：_l 指定弦长：35

⑪ "继续（O）"方式绘制圆弧。此方式以上一次所绘制线段的终点为起点，再根据提示绘制出的终点，所绘制的圆弧与上一段圆弧相切。图 3-46 所示为"继续（O）"方式绘制圆弧的实例。

命令：_arc
指定圆弧的起点或 [圆心(C)]：
指定圆弧的端点：

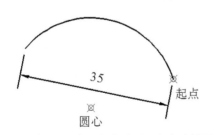

图 3-45 "圆心、起点、长度（L）"方式绘制圆弧

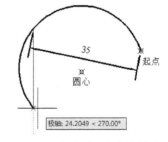

图 3-46 "继续（O）"方式绘制圆弧

3.5.3 圆环的绘制

圆环由两条圆弧多线段组成。绘制圆环也是创建填充圆环或实体圆形的一种便捷的操作方法。在 AutoCAD 2010 中，"圆弧"命令的调用有以下三种。

① 命令行：Donut。

② 菜单："绘图"|"圆环"。

③ 功能区："常用"标签|"绘图"面板|"◎圆环"。

如图 3-47 所示，绘制内径为 10mm、外径为 25mm 的圆环。

```
命令：_donut
指定圆环的内径 <10.0000>：8
指定圆环的外径 <20.0000>：12
指定圆环的中心点或 <退出>：@25,30
指定圆环的中心点或 <退出>：（继续指定圆环的中心点，则继续绘制相同内外径的圆环。按 Enter 键、空格键
或鼠标右键结束命令）
```

图 3-47　圆环的绘制

提示：若指定内径为零，则绘制出实心填充图。

3.5.4　椭圆、椭圆弧的绘制

椭圆由距离两个定点的长度之和为定值的点组成。在椭圆图形中，一般把较长的轴称为长轴，较短的轴称为短轴。在 AutoCAD 2010 中，"圆弧"命令的调用方式有以下三种。

① 命令行：ELLIPSE。

② 菜单："绘图"|"椭圆"。

③ 功能区："常用"标签|"绘图"面板|"⚬▾椭圆"。

AutoCAD 2010 的"椭圆"的子菜单中，提供了多种椭圆的绘制方法，如图 3-48 所示，用户可以根据不同需要选择不同的方法。

图 3-48　"椭圆"的子菜单

①"圆心（C）"方式绘制椭圆。这种绘制椭圆的方式要求用户确定椭圆中心点位置和两轴各一个端点位置。图 3-49 所示为"圆心（C）"方式绘制椭圆的实例。

```
命令：_ellipse
指定椭圆的轴端点或 [圆弧(A)/中心点(C)]：_c
指定椭圆的中心点：
指定轴的端点：
指定另一条半轴长度或 [旋转(R)]：
```

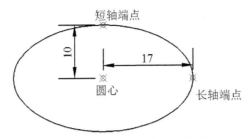

图 3-49 "圆心（C）"方式绘制椭圆

②"轴、端点"方式绘制椭圆。这种绘制椭圆的方式要求用户确定一长轴（或短轴）和另一轴的一个端点。图 3-50 所示为"轴、端点"方式绘制椭圆的实例。

命令：_ellipse
指定椭圆的轴端点或 [圆弧(A)/中心点(C)]：
指定轴的另一个端点：
指定另一条半轴长度或 [旋转(R)]：

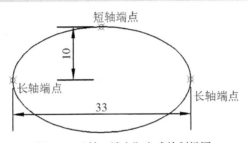

图 3-50 "轴、端点"方式绘制椭圆

提示： 用旋转（R）命令创建椭圆时，是通过绕一条旋转原来创建椭圆，相当于将一个圆绕椭圆长轴翻转一个角度后的投影。图 3-51 所示为一椭圆分别旋转 45°、60°后图形。

命令：_ellipse
指定椭圆的轴端点或 [圆弧(A)/中心点(C)]：
指定轴的另一个端点：
指定另一条半轴长度或 [旋转(R)]：r
指定绕长轴旋转的角度：45

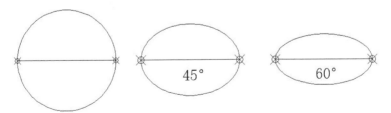

图 3-51 定义长轴和翻转一个角度绘制椭圆

③"圆弧（A）"绘制椭圆弧。该命令用于绘制椭圆弧。图 3-52 所示为"圆弧（A）"方式绘制椭圆弧的实例。

命令：_ellipse
指定椭圆的轴端点或 [圆弧(A)/中心点(C)]：_a

指定椭圆弧的轴端点或 [中心点(C)]: c

指定椭圆弧的中心点:

指定轴的端点:

指定另一条半轴长度或 [旋转(R)]:

指定起始角度或 [参数(P)]: 30

指定终止角度或 [参数(P)/包含角度(I)]: 150

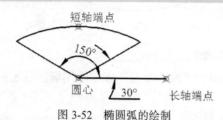

图 3-52　椭圆弧的绘制

3.6

图 案 填 充

在 AutoCAD 2010 中，可以对封闭区域进行图案填充。在指定图案填充边界时，可以在闭合区域中任选一点，然后由 AutoCAD 自动地搜索闭合边界，或者通过选择对象来定义边界。

3.6.1　基　本　概　念

1.　图案边界

当进行图案填充时，首先要确定填充图案的边界。边界对象可以是直线、射线、多段线、样条曲线、圆弧类曲线、面域等，或用这些对象定义的块。并且要求作为边界的对象必须全部显示在当前屏幕上。

2.　孤岛

在进行图案填充时，我们将位于总填充域内的封闭区域称为孤岛，如图 3-53 所示。

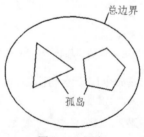

图 3-53　孤岛

3.6.2 图案填充的操作

在 AutoCAD 2010 中，"图案填充"命令的调用方式有以下三种。

① 命令行：BHATCH。

② 菜单："绘图" |"图案填充"或"渐变色"。

③ 功能区："常用"标签|"绘图"面板|"▨图案填充"或"常用"标签|"绘图"面板|"▨渐变色"。

执行该命令，系统打开如图 3-54 所示的"图案填充和渐变色"对话框。

图 3-54 "图案填充和渐变色"对话框

选项说明如下。

1. "图案填充"选项卡

① 类型和图案。

"类型"下拉列表框用于确定填充图案的类型及图案，有以下三种类型。

"预定义"：表示用 AutoCAD 标准图案文件（ACAD.PAT 文件）中的图案填充。

"用户定义"：表示用户要临时定义填充图案。

"自定义"：表示选用 ACAD.PAT 图案文件或其他标准图案文件（.pat 文件）中的图案填充。

"图案"下拉列表框用于选择确定标准图案中的填充图案。也可以单击其右边的按钮打开如图 3-55 所示的"填充图案控制板"对话框，从中可以选择填充图案。

"样例"选项框用于显示选中的填充图案。

② 角度和比例。

"角度"下拉列表框用于确定填充图案时的旋转角度。每种图案在定义时的旋转角度为零，用户在此可输入所希望的旋转角度。

"比例"下拉列表框用于确定填充图案的比例值。每种图案在定义时的初始比例为 1，用户可以根据需要放大或缩小。

③ 图案填充原点。用于控制填充图案生成的起始位置。默认情况下，所有图案填充原点都对应当前的 UCS 原点。

图 3-55 "填充图案控制板"对话框

2. "渐变色"选项卡

渐变色是指一种颜色平滑过渡到另一种颜色。渐变色能产生光的效果，可为图像添加视觉效果。单击"渐变色"选项卡，如图 3-56 所示。

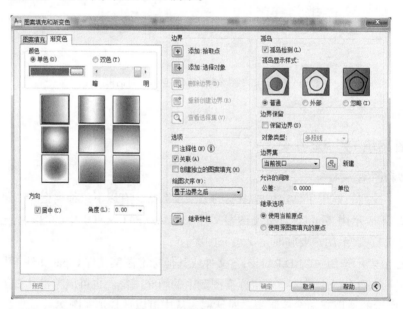

图 3-56 "渐变色"选项卡

① 颜色。

"单色"单选按钮：系统应用单色对所选择的对象进行渐变填充。

"双色"单选按钮：系统应用双色对所选择的对象进行渐变填充。

② "渐变方式"样板。在"渐变色"选项板的下方有 9 种渐变方式，用户可根据需要进行

选择使用。

③ 方向。

"居中"复选框：用于决定渐变填充是否居中。

"角度"下拉列表框：用户在此选择角度，此角度为渐变色倾斜的角度。

3. 边界

① 添加：拾取点。以拾取点的形式自动确定填充区域的边界。在所需填充的区域内任意点取一点，AutoCAD 会自动确定出包围该点的封闭填充边界，该边界将以高亮度显示，如图 3-57 所示。

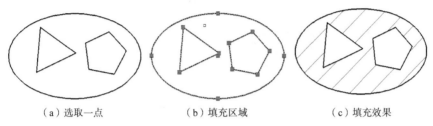

（a）选取一点　　　　　　　（b）填充区域　　　　　　　（c）填充效果

图 3-57　"拾取点"确定边界

② 添加：选择对象。以选取对象的方式确定填充区域的边界。用户可以根据实际需要选择构成填充区域的边界，如图 3-58 所示。

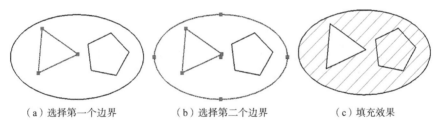

（a）选择第一个边界　　　　（b）选择第二个边界　　　　（c）填充效果

图 3-58　"选择对象"确定边界

③ 删除边界。从边界定义中删除以前添加的任何对象。

④ 重新创建边界。围绕选定的图案填充或填充对象创建多段线或面域。

⑤ 查看选择集。观看填充区域的边界。单击此按钮，AutoCAD 将临时切换至作图屏幕，将所选的作为填充边界的对象以高亮度形式显示。如果对所定义的边界不满意，可以重新定义。

4. 选项

① 注释性。用于确定填充图案是否需要注释性。

② 关联。此复选框用于确定填充图案和边界的关系。若单击此复选框，则填充的图案与填充的边界保持着关联关系，即图案填充后，当用户对边界进行修改时，AutoCAD 会根据边界的新位置重新生成填充图案，如图 3-59 所示。

③ 创建独立的图案填充。当指定了几个独立的闭合边界时，该选项用于控制创建的填充图案是单个还是多个。即选中该选项，则可以对其中的任何一个闭合边界进行修改而不影响其他的闭合边界，如图 3-60 所示。

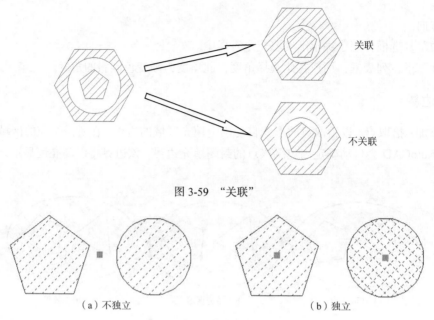

图 3-59　"关联"

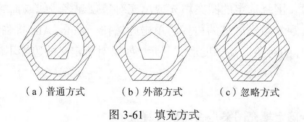

（a）不独立　　　　　　　　　　　（b）独立

图 3-60　创建独立的图案填充

④ 绘图次序。用于指定图案填充的绘图顺序。图案填充可以放在所有其他对象之后、所有其他对象之前、图案填充边界之后或图案填充边界之前。

5. 继承特性

此按钮的作用是继承特性，即选中图中已有的填充图案作为当前的填充图案。新图案继承原图案的特性参数，其作用相当于"特性匹配"。

6. 孤岛

用于确定图形中是否存在孤岛，并设定孤岛的显示样式，即确定图案的填充方式：普通、外部、忽略，如图 3-61 所示。

（a）普通方式　　　　　（b）外部方式　　　　　（c）忽略方式

图 3-61　填充方式

7. 边界保留

指定用户是否将边界保留为对象，并确定应用于这些边界对象的对象类型是多线段还是面域。

8. 边界集

定义当从指定点定义边界时要分析的对象集。当使用"选择对象"定义边界时，选定的边界集无效。

默认情况下，使用"添加：拾取点"选项来定义边界时，HATCH 将分析当前视口范围内的所有对象。通过重定义边界集，可以在定义边界时忽略某些对象，而不必隐藏或删除这些对象。对于大图形，重定义边界集也可以加快生成边界的速度，因为 HATCH 检查较少的对象。

当前视口：根据当前视口范围中的所有对象定义边界集，选择此选项将放弃当前的任何边界集。

现有集合：用户自己选定一组对象来构造边界，通过使用"新建"按钮来选定对象以定义边界集。如果没有用"新建"创建边界集，则"现有集合"选项不可用。

新建：提示用户选择用来定义边界集的对象。

9. 允许的间隙

设置将对象用作图案填充边界时可以忽略的最大间隙。默认值是 0，此时指定对象必须封闭区域而没有间隙。

10. 继承选项

使用"继承特性"创建图案填充时，控制图案填充原点的位置。

使用当前原点：使用当前的图案填充原点设置。

使用源图案填充的原点：使用源图案填充的图案填充原点。

3.6.3　编辑填充的图案

生成图案填充后，用户有可能需要修改图案填充或图案填充区域的边界。

在 AutoCAD 2010 中，"图案填充边界"命令的调用方式有以下三种。

① 命令行：HATCHEDIT。

② 菜单："修改"|"对象"|"图案填充"。

③ 功能区："常用"标签|"修改"面板|"编辑图案填充"。

系统打开"图案填充编辑"对话框，如图 3-62 所示。利用该对话框可以对已选中的图案进行一系列的编辑修改。

图 3-62　"图案填充编辑"对话框

提示：打开"图案填充编辑"对话框，也可采用另外的简单方法：双击所需要编辑修改的图案填充区域或选中所需要编辑修改图案填充区域单击鼠标右键。

3.7

样条曲线、云线、徒手线的绘制

3.7.1 样条曲线的绘制

样条曲线是经过或接近一系列给定点的光滑曲线。常用于绘制不规则零件轮廓，例如零件断裂处的边界。

在 AutoCAD 2010 中，"样条曲线"命令的调用方式有以下三种。

① 命令行：SPLINE。

② 菜单："绘图"|"样条曲线"。

③ 功能区："常用"标签|"绘图"面板|" 样条曲线"。

执行该命令后，命令行提示如下。

```
命令：_spline
指定第一个点或 [对象(O)]:
指定下一点:
指定下一点或 [闭合(C)/拟合公差(F)] <起点切向>:
```

选项说明如下。

① 对象（O）：将二维或三维的二次或三次样条曲线拟合多线段转换为等价的样条曲线，然后（根据 DELOBJ 系统变量的设置）删除该多段线。

② 闭合（C）：将最后一点定义为与第一点一致，并使它在连接处相切，这样可以闭合样条曲线。

```
指定切向:（指定点或 Enter 键）
```

用户可以指定一点来定义切向矢量，或者使用"切点"或"垂直"对象捕捉模式使样条曲线与现有对象相切或垂直。

③ 拟合公差（F）：修改当前样条曲线的拟合公差，根据新公差以现有点重新定义样条曲线。公差表示样条曲线拟合所指定的拟合点集时的拟合精度。公差越小，样条曲线与拟合点越接近。公差为 0，样条曲线通过该点。公差大于 0，将使样条曲线在止点拟合点的公差范围内通过拟合点。在绘制样条曲线时，可以改变样条曲线拟合公差以查看效果。如图 3-63 所示，两条样条曲线使用的点相同，但公差却不同。

④ 起点切向：定义样条曲线的第一点和最后一点的切向。可以指定一点来定义切向矢量，或者使用"切点"和"垂直"对象捕捉模式使样条曲线与现有对象相切和垂直，如果按 Enter 键，AutoCAD 2010 将计算默认切向。

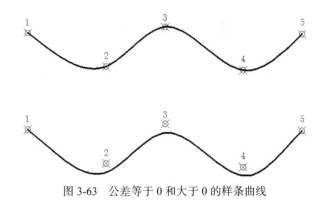

图 3-63　公差等于 0 和大于 0 的样条曲线

3.7.2　修订云线的绘制

修订云线是由连续圆弧组成的多段线而构成的云线形对象，其主要是作对象标记使用。用户可以从开头创建修订云线，也可以将闭合对象转换为修订云线。

在 AutoCAD 2010 中，"修订云线"命令的调用方式有以下三种。

① 命令行：REVCLOUD。

② 菜单："绘图" | "修订云线"。

③ 功能区："常用"标签| "绘图"面板| "🔵修订云线"。

```
命令：_revcloud
最小弧长：10　最大弧长：30　样式：手绘
指定起点或 [弧长(A)/对象(O)/样式(S)] <对象>：
沿云线路径引导十字光标...
修订云线完成。
```

选项说明如下。

① "指定起点"方式绘制修订云线。这种方式要求用户在屏幕上指定起点，并拖动鼠标指定云线路径。

② "弧长（A）"方式绘制修订云线。这种方式要求用户指定组成云线的圆弧的弧长范围，包含最小弧长和最大弧长。

③ "对象（O）"方式绘制修订云线。这种方式要求用户将封闭的图形对象转换成修订云线，包括圆、圆弧、椭圆、矩形、多边形、多线段和样条曲线等。如图 3-64 所示，选择该项，系统继续有如下提示。

```
选择对象：
反转方向 [是(Y)/否(N)] <否>：
```

（a）五边形

（b）转换修订云线（不反转）

（c）转换修订云线（反转）

图 3-64　修订云线

3.7.3 徒手线的绘制

在 AutoCAD 中，用户可以利用鼠标或图形输入板游标进行徒手绘图。徒手主要用于绘制不规则图形边界。

在 AutoCAD 2010 中，"徒手线"命令是 sketch。

```
命令: sketch
记录增量 <1.0000>:
徒手画. 画笔(P)/退出(X)/结束(Q)/记录(R)/删除(E)/连接(C):
```

选项说明如下。

① 记录增量：输入记录增量值，即单位线段的长度。徒手线实际上是将微小的直线段连接起来模拟任意曲线，其中的每一条直线称为一个记录。不同的记录增量绘制的徒手线精度和形状不同。

② 画笔（P）：按 P 键或单击鼠标左键表示徒手线的提笔和落笔。在用定点设备选取菜单项前必须提笔。

③ 连接（C）：自动落笔，继续从上次所画的线段的端点或上次删除的线段的端点开始画线。

3.8
区 域 覆 盖

在 AutoCAD 中，用户可以使用区域覆盖在现有对象上生成一个空白区域，用于添加注释或详细的屏蔽信息，如图 3-65 所示。

区域覆盖对象是一块多边形区域，它可以使用当前背景色屏蔽底层的对象。此区域以区域覆盖线框为边框，可以打开此区域进行编辑，也可以关闭此区域进行打印。通过使用一系列点来指定多边形的区域可以创建区域覆盖对象，也可以将闭合多段线转换成区域覆盖对象。

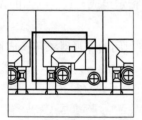 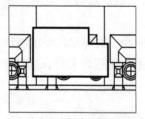 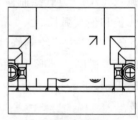

（a）创建的闭合多段线　　（b）从多段线创建的擦除对象　　（c）擦除边框关闭

图 3-65　区域覆盖

在 AutoCAD 2010 中，"区域覆盖"命令的调用方式有以下三种。

① 命令行：wipeout。

② 菜单："绘图" | "区域覆盖"。

③ 功能区："常用"标签| "绘图"面板| "□ 修订云线"。

执行该命令后，结果如图 3-66 所示。命令行提示如下。

命令：_wipeout 指定第一点或 [边框(F)/多段线(P)] <多段线>：

指定下一点：

指定下一点或 [放弃(U)]：

指定下一点或 [闭合(C)/放弃(U)]：c

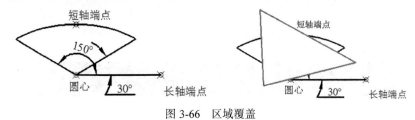

图 3-66　区域覆盖

第4章

图形编辑

【学习目标】

在 AutoCAD 中，单纯地使用绘图命令或绘图工具只能绘制一些基本的图形对象。为了绘制复杂图形，很多情况下都必须借助图形编辑命令。AutoCAD 2010 提供了丰富的图形编辑命令，如复制、移动、旋转、镜像、偏移、阵列、拉伸及修剪等。使用这些命令，可以修改已有图形或通过已有图形构造新的复杂图形 。

【本章重点】

掌握"修改"菜单与"修改"工具栏的使用。

【本章难点】

阵列、打断、拉伸等。

4.1

对 象 选 择

在编辑图形之前，首先需要选择要编辑的对象。AutoCAD 用虚线亮显所选的对象，这些对象就构成选择集。选择集可以包含单个对象，也可以包含复杂的对象编组。

对图形进行编辑和修改时，命令行提示"选择对象:"，光标由十字形变为方框形，此时可以直接在此提示后输入一种选择方式进行选择。如果对各种选择方式不熟悉，可以在提示后直接输入问号"？"并按 Enter 键，系统在命令行显示 AutoCAD 的各种选择方式。

```
命令: select
选择对象: ?
*无效选择*
需要点或窗口(W)/上一个(L)/窗交(C)/框(BOX)/全部(ALL)/栏选(F)/圈围(WP)/圈交(CP)/编组(G)/添加(A)/删除(R)/多个(M)/前一个(P)/放弃(U)/自动(AU)/单个(SI)/子对象(SU)/对象(O)
```

4.1.1　点　选　方　式

该选项为默认选项，即用鼠标点取被编辑对象的方式，被选中对象呈亮显虚线，并显示对象上的夹持点。这是较常用的一种对象选择方法。

4.1.2　窗　选　方　式

该选项用于通过绘制一个矩形框来选择对象。由左上向右下拖动鼠标，则所有部分均位于这个矩形窗口内的对象将被选中，成为被编辑的对象，不在该窗口内或者只有部分在该窗口内的对象则不被选中。

4.1.3　窗　交　方　式

该选项和上述"窗选方式"类似，不同的是由右下向左上拖动鼠标，在窗口内及与窗口相交的对象都将被选中，成为被编辑的对象。

4.1.4　选择所有对象方式

该选项用于选取图形中没有锁定、关闭或冻结的层上的所有对象。

4.1.5　栏　选　方　式

该选项用户可以通过绘制一条开放的多点栅栏来选择，其中所有与栅栏线相接触的对象均会被选中，如图 4-1 所示。

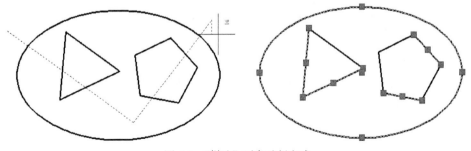

图 4-1　"栏选"对象选择方式

4.2

复制、镜像、偏移和阵列

4.2.1 复　　制

复制命令用于在不同的位置复制现存的对象。复制的对象完全独立于源对象，可以对它进行编辑或其他操作。通过使用坐标、栅格捕捉、对象捕捉和其他工具可以精确地复制对象以及进行多重复制。

在 AutoCAD 2010 中，调用"复制"命令有以下四种方式。

① 命令行：copy。

② 菜单："修改" | "复制"。

③ 功能区："常用"标签 | "修改"面板 | " 复制"。

④ 快捷菜单：选择要复制的对象，在绘图区域单击鼠标右键，在打开的快捷菜单上选择"复制选择"命令。

执行"复制"命令后，AutoCAD 提示如下。

```
命令：_copy
选择对象：指定对角点：找到 10 个
选择对象：（单击鼠标右键结束选择）
当前设置：复制模式 = 多个
指定基点或 [位移(D)/模式(O)] <位移>：指定第二个点或 <使用第一个点作为位移>：
指定第二个点或 [退出(E)/放弃(U)] <退出>：（按 Enter 键结束并退出）
```

选项说明如下。

① 指定基点：选择某一个点作为复制的基点。

② 位移（D）：指定复制基点后，输入的数值为复制对象的相对位移。

提示： 当提示"指定基点或 [位移（D）/模式（O）] <位移>：指定第二个点或 <使用第一个点作为位移>："是，输入复制对象的相对位移，光标的原对象的哪边，复制对象就在哪边的相对位移处。

③ 模式（O）：用于选择复制的模式：单个（S）或多个（M），默认为多个。"单个（S）"表示用户每执行一次"复制"命令只能复制一个对象；"多个（M）" 表示用户每执行一次"复制"命令可以连续复制对象。系统提示如下。

```
命令：COPY
选择对象：指定对角点：找到 10 个
选择对象：
当前设置：复制模式 = 多个
指定基点或 [位移(D)/模式(O)] <位移>：o
输入复制模式选项 [单个(S)/多个(M)] <多个>：s
指定基点或 [位移(D)/模式(O)/多个(M)] <位移>：指定第二个点或 <使用第一个点作为位移>：
```

4.2.2　镜　　像

镜像对象命令用于创建轴对称的图形。在工程设计中经常遇到左右对称、上下对称的图形，利用镜像功能，用户只需要创建部分对象，然后通过"镜像"命令快速生成整个对象即可。

在 AutoCAD 2010 中，调用"镜像"命令有以下三种方式。

① 命令行：mirror。

② 菜单："修改"|"镜像"。

③ 功能区："常用"标签|"修改"面板|"⚮镜像"。

执行"镜像"命令后，AutoCAD 提示如下。

命令：_mirror
选择对象：指定对角点：找到 5 个
选择对象：
指定镜像线的第一点：指定镜像线的第二点：
要删除源对象吗？[是(Y)/否(N)] <N>：（输入 Y，表示删除原来的对象）

镜像结果如图 4-2 所示。

 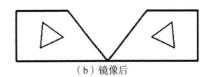

（a）镜像前　　　　　　　　　（b）镜像后

图 4-2　"镜像"命令

4.2.3　偏　　移

偏移图形是创建一个与选定对象平行并保持等距离的新对象。在工程设计中经常使用此命令创建轴线、墙体或等距的图形。通过偏移命令将画出指定对象的偏移，即等距线。直线的等距线为平行等长线段；圆弧的等距线为同心圆弧，保持圆心角相同；多段线的等距线为多段线，其组成线段将自动调整，即其组成的直线段或圆弧段将自动延伸或修剪，构成另一条多段线。

在 AutoCAD 2010 中，调用"偏移"命令有以下三种方式。

① 命令行：offset。

② 菜单："修改"|"偏移"。

③ 功能区："常用"标签|"修改"面板|"⚏偏移"。

执行"偏移"命令后，AutoCAD 提示如下。

命令：_offset
当前设置：删除源=否　图层=源 OFFSETGAPTYPE=0
指定偏移距离或 [通过(T)/删除(E)/图层(L)] <通过>：20
选择要偏移的对象，或 [退出(E)/放弃(U)] <退出>：
指定要偏移的那一侧上的点，或 [退出(E)/多个(M)/放弃(U)] <退出>：（确定要偏移的一侧）
选择要偏移的对象，或 [退出(E)/放弃(U)] <退出>：（单击鼠标右键"确定"退出）

结果如图 4-3 所示。

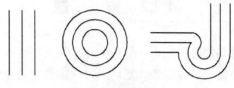

图 4-3　"偏移"命令

选项说明如下。

① 指定偏移距离：输入一个距离值，或回车使用当前的距离值，系统把该距离值作为偏移距离。

② 通过（T）：指定偏移的通过点。选择该选项后，系统提示如下。

指定偏移距离或 [通过(T)/删除(E)/图层(L)] <15.0000>: t
选择要偏移的对象，或 [退出(E)/放弃(U)] <退出>:（选择偏移对象）
指定通过点或 [退出(E)/多个(M)/放弃(U)] <退出>:（指定偏移对象的一个通过点）

③ 删除（E）：偏移后，源对象将被删除。选择该选项后，系统提示如下。

指定偏移距离或 [通过(T)/删除(E)/图层(L)] <通过>: e
要在偏移后删除源对象吗? [是(Y)/否(N)] <否>:

④ 图层（L）：确定将偏移对象创建在当前图层上还是源对象所在的图层上。选择该选项后，系统提示如下。

指定偏移距离或 [通过(T)/删除(E)/图层(L)] <通过>: l
输入偏移对象的图层选项 [当前(C)/源(S)] <源>:

提示："偏移"命令在选择实体时，每次只能选择一个实体。

4.2.4　阵　列

复制多个对象并按照一定规则（间距和角度）排列称为"阵列"。阵列命令可以按照环形或者矩形阵列复制对象或选择集。

对于环形的阵列，可以控制复制对象的数目和是否旋转对象，环形阵列的方向默认为逆时针；对于矩形阵列，可以控制复制对象行数和列数，以及对象之间的距离，矩形阵列的方向由行数和列数的正负来决定。

在 AutoCAD 2010 中，"阵列"命令的执行方式有以下三种。

① 命令行：array。

② 菜单："修改" | "阵列"。

③ 功能区："常用"标签| "修改"面板| "阵列"。

执行"阵列"命令后，AutoCAD 2010 系统打开"阵列"对话框，如图 4-4 和图 4-5 所示。

1. 创建矩形阵列

工程图中常有一些同一对象进行多行多列的排布，只要绘制其中一个单元，找准阵列之间的几何关系，就可以轻松地创建阵列对象。

图 4-4　"阵列"对话框的"矩形阵列"选项卡

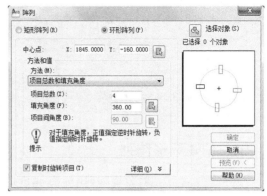

图 4-5　"阵列"对话框的"环形阵列"选项卡

选项说明如下。

① "选择对象(S)选择对象"：用于选择需要阵列的对象。

② "行数(W)：文本框"：用于指定矩形阵列的行数。

③ "列数(O)：文本框"：用于指定矩形阵列的列数。

④ "行偏移(F)：文本框"：用于指定行间距的数值。

⑤ "列偏移(M)：文本框"：用于指定列间距的数值。

⑥ "阵列角度(A)：文本框"：用于指定阵列的旋转角度。

提示：

① 也可以用拾取框来确定行、列间距和阵列的旋转角度，如图 4-6 所示。

② 行距和列距有正、负之分，行距为正将向上阵列，为负则向下阵列；列距为正将向右阵列，为负则向左阵列。正负方向与坐标轴正负方向一致。

【例 4-1】绘制如图 4-7 所示的平面图形。其中，正方形的边长为 5mm，要求行间距为 20mm，列间距 18mm。

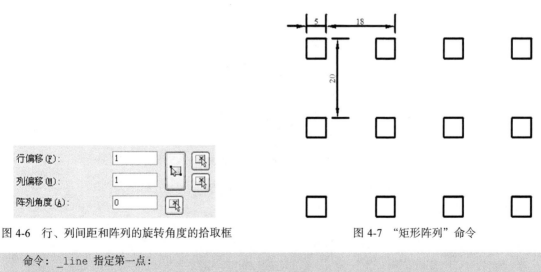

图 4-6　行、列间距和阵列的旋转角度的拾取框　　　　图 4-7　"矩形阵列"命令

```
命令：_line 指定第一点：
指定下一点或 [放弃(U)]：5
指定下一点或 [放弃(U)]：5
指定下一点或 [闭合(C)/放弃(U)]：5
```

指定下一点或 [闭合(C)/放弃(U)]:

指定下一点或 [闭合(C)/放弃(U)]:

命令:

命令:

命令: _array

选择对象: 指定对角点: 找到 4 个 (设置为矩形阵列, 并设置行数、行高和列数、列宽)

选择对象:

2. 创建环形阵列

环形阵列是指把对象绕阵列中心等角度均匀分布。

选项说明如下。

① "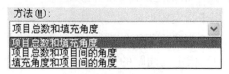选择对象": 用于选择需要阵列的对象。

② "中心点 X:7005 Y:997 中心点文本框": 用于指定环形阵列的圆心。

③ "方法"下拉菜单: 指定环形阵列的分布形式。三种分布形式, 如图 4-8 所示。

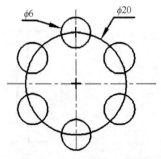

图 4-8 环形阵列的分布形式

④ "项目总数(I):文本框": 用于指定环形阵列的对象个数。

⑤ "填充角度(F):文本框": 用于指定环形阵列的填充角度。

⑥ "项目间角度(B):文本框": 用于指定环形阵列的相邻对象角度。

⑦ "复制时旋转项目"复选框: 用于指定环形阵列的对象阵列时是否要求旋转。

【例 4-2】绘制如图 4-9 所示的平面图形。其中大圆直径 20mm、小圆直径 6mm。

图 4-9 "环形阵列"命令

命令: _circle 指定圆的圆心或 [三点(3P)/两点(2P)/切点、切点、半径(T)]:

指定圆的半径或 [直径(D)] <3.0000>: 10

命令:

命令:

命令: _circle 指定圆的圆心或 [三点(3P)/两点(2P)/切点、切点、半径(T)]:

指定圆的半径或 [直径(D)] <10.0000>: 3

命令:

命令:

```
命令：_array
选择对象：找到 1 个（设置为环形阵列，并设置项目数）
选择对象：
指定阵列中心点：
```

4.3 删除、移动、旋转和缩放

4.3.1 删　　除

在 AutoCAD 中，删除命令允许用户选择想要删除的对象，可以非常方便地改正绘图中的错误。

在 AutoCAD 2010 中，调用"删除"命令有以下四种方式。

① 命令行：erase。

② 菜单："修改"|"删除"。

③ 功能区："常用"标签|"修改"面板|" 删除"。

④ 快捷菜单：选择要删除的对象，在绘图区域单击鼠标右键，在打开的快捷菜单上选择"删除"命令。

执行"删除"命令后，AutoCAD 提示如下。

```
命令：_erase
选择对象：找到 1 个
选择对象：
```

通常，当发出"删除"命令后，需要选择要删除的对象，然后按 Enter 键或 Space 键结束对象选择，同时删除已选择的对象。如果在"选项"对话框的"选择"选项卡中，选中"选择模式"选项组中的"先选择后执行"复选框，就可以先选择对象，然后单击"删除"按钮删除。

4.3.2 移　　动

移动命令是指将对象移动到指定位置，而不改变对象的方向和大小。如需要移动对象到精确的位置，需配合使用捕捉、坐标、夹点和对象捕捉模式。

在 AutoCAD 2010 中，调用"移动"命令有以下四种方式。

① 命令行：move。

② 菜单："修改"|"移动"。

③ 功能区："常用"标签|"修改"面板|" 移动"。

④ 快捷菜单：选择要复制的对象，在绘图区域单击鼠标右键，在打开的快捷菜单上选择"移动"命令。

执行"移动"命令后，AutoCAD 提示如下。

```
命令：_move
选择对象：找到 1 个
选择对象：
指定基点或 [位移(D)] <位移>：
```

4.3.3 旋　　转

旋转命令用于将指定对象绕基点旋转指定角度，以调整对象的位置。如需要旋转对象到精确的位置，需配合使用捕捉、坐标、夹点和对象捕捉模式。

在 AutoCAD 2010 中，调用"旋转"命令有以下四种方式。

① 命令行：rotate。

② 菜单："修改" | "旋转"。

③ 功能区："常用"标签| "修改"面板| "旋转"。

④ 快捷菜单：选择要复制的对象，在绘图区域单击鼠标右键，在打开的快捷菜单上选择"旋转"命令。

执行"旋转"命令后，AutoCAD 提示如下。

```
命令：_rotate
UCS 当前的正角方向：ANGDIR=逆时针  ANGBASE=0
选择对象：指定对角点：找到 4 个
选择对象：
指定基点：
指定旋转角度，或 [复制(C)/参照(R)] <0>：
```

选项说明如下。

① 复制（C）：选择该项时，旋转对象的同时，保留原对象。

② 参照（R）：采用"参照"方式旋转对象时，系统提示如下。

```
指定参照角 <0>：（指定要参考的角度，默认值为 0）
指定新角度或 [点(P)] <0>：（输入旋转后的角度值）
```

4.3.4 缩　　放

在设计中，对于图形结构相同、尺寸不同且长宽方向缩放比例相同的零件，在设计完成一个零件的图形后，其余零件图形可通过比例缩放完成。用户可以直接指定缩放的基点和缩放的比例，也可以利用参照缩放指定当前的比例和新的比例长度，此命令对三维对象同样适用。当比例因子大于 1 时，放大图形对象，小于 1 时，则缩小图形对象。缩放的源对象可以保留也可以删除。

在 AutoCAD 2010 中，调用"缩放"命令有以下四种方式。

① 命令行：scale。

② 菜单："修改" | "缩放"。

③ 功能区："常用"标签|"修改"面板|"▢缩放"。

④ 快捷菜单：选择要复制的对象，在绘图区域单击鼠标右键，在打开的快捷菜单上选择"缩放"命令。

执行"缩放"命令后，AutoCAD 提示如下。

命令：_scale

选择对象：指定对角点：找到 10 个

选择对象：

指定基点：

指定比例因子或 [复制(C)/参照(R)] <0.8000>：2

选项说明如下。

① 复制（C）：选择该项时，缩放对象的同时，保留原对象。

② 参照（R）：采用"参照"方式缩放对象时，系统提示如下。

指定参照长度 <1.0000>：（指定参考长度值）

指定新的长度或 [点(P)] <1.0000>：（指定新长度值）

若新长度值大于参考长度值，则放大对象；否则，则缩小对象。

4.4 拉伸、修剪、延伸和打断

4.4.1 拉 伸

拉伸命令用于移动图形对象的指定部分，使对象的形状发生改变，同时保持与图形对象未移动部分相连接。凡是与直线、圆弧、图案填充、多段线等对象的连线都可以拉伸。在拉伸的过程中需要指定一个基点，然后用窗交或圈交（即交叉窗口或交叉多边形）的方式选择拉伸对象，将对象捕捉、夹点捕捉、栅格捕捉、相对坐标输入与夹点编辑结合在一起进行精确拉伸。

在 AutoCAD 2010 中，调用"拉伸"命令有以下三种方式。

① 命令行：stretch。

② 菜单："修改"|"拉伸"。

③ 功能区："常用"标签|"修改"面板|"▢拉伸"。

执行"拉伸"命令后，AutoCAD 提示如下。

命令：_stretch

以交叉窗口或交叉多边形选择要拉伸的对象...

选择对象：指定对角点：找到 3 个

选择对象：

指定基点或 [位移(D)] <位移>：（指定拉伸的基点）

指定第二个点或 <使用第一个点作为位移>：（指定拉伸的移至点）

【例 4-3】将图 4-10（a）经过编辑变为图 4-10（b）所示的图形。

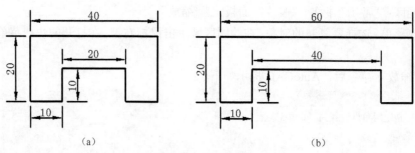

图 4-10 "拉伸"命令

命令: _stretch
拉伸由最后一个窗口选定的对象...找到 7 个
指定基点或 [位移(D)] <位移>:20

4.4.2 修　剪

修剪命令是指按照指定的对象边界裁剪对象，将多余的部分去除。在 AutoCAD 2010 中，调用"修剪"命令有以下三种方式。

① 命令行：trim。

② 菜单："修改"|"修剪"。

③ 功能区："常用"标签|"修改"面板|"–/–修剪"。

【例 4-4】绘制一个五角星，如图 4-11 所示。

图 4-11 "修剪"命令

绘图步骤如下。

（1）绘制五角星

命令: _line 指定第一点:
指定下一点或 [放弃(U)]: @10,0
指定下一点或 [放弃(U)]: @10<216
指定下一点或 [闭合(C)/放弃(U)]: @10<72
指定下一点或 [闭合(C)/放弃(U)]: @10<-72
指定下一点或 [闭合(C)/放弃(U)]:
指定下一点或 [闭合(C)/放弃(U)]:

（2）"修剪"五角星

命令: _trim
当前设置:投影=UCS,边=无
选择剪切边...

```
选择对象或 <全部选择>:  指定对角点: 找到 5 个    (全选所有对象)
选择对象:(单击右键结束)
选择要修剪的对象,或按住 Shift 键选择要延伸的对象,或[栏选(F)/窗交(C)/投影(P)/边(E)/删除(R)/
放弃(U)]:
选择要修剪的对象,或按住 Shift 键选择要延伸的对象,或[栏选(F)/窗交(C)/投影(P)/边(E)/删除(R)/
放弃(U)]:
选择要修剪的对象,或按住 Shift 键选择要延伸的对象,或[栏选(F)/窗交(C)/投影(P)/边(E)/删除(R)/
放弃(U)]:
选择要修剪的对象,或按住 Shift 键选择要延伸的对象,或[栏选(F)/窗交(C)/投影(P)/边(E)/删除(R)/
放弃(U)]:
选择要修剪的对象,或按住 Shift 键选择要延伸的对象,或[栏选(F)/窗交(C)/投影(P)/边(E)/删除(R)/
放弃(U)]:
选择要修剪的对象,或按住 Shift 键选择要延伸的对象,或[栏选(F)/窗交(C)/投影(P)/边(E)/删除(R)/
放弃(U)]:
```

4.4.3 延 伸

延伸命令用于延长指定的对象到指定的边界,命令的操作过程和修剪命令很相似。另外,在修剪命令中按住 Shift 键可以执行延伸命令,同样,在延伸命令中按住该键也可以执行修剪命令。

在 AutoCAD 2010 中,"延伸"命令的执行方式有以下三种。

① 命令行: extend。

② 菜单:"修改"|"延伸"。

③ 功能区:"常用"标签|"修改"面板|"╌╱延伸"。

执行"延伸"命令后,AutoCAD 提示如下。

```
命令: _extend
当前设置:投影=UCS, 边=无
选择边界的边...
选择对象或 <全部选择>:  找到 1 个
选择对象:
选择要延伸的对象,或按住 Shift 键选择要修剪的对象,或[栏选(F)/窗交(C)/投影(P)/边(E)/放弃(U)]:
选择要延伸的对象,或按住 Shift 键选择要修剪的对象,或[栏选(F)/窗交(C)/投影(P)/边(E)/放弃(U)]:
```

4.4.4 打 断

打断命令用于删除对象上的某一部分或把对象分成两部分。在 AutoCAD 2010 中,调用"打断"命令有以下三种方式。

① 命令行: break。

② 菜单:"修改"|"打断"。

③ 功能区:"常用"标签|"修改"面板|"打断"。

执行"打断"命令后,AutoCAD 提示如下。

命令: _break 选择对象:（选择要打断的对象）
指定第二个打断点 或 [第一点(F)]: f
指定第一个打断点:
指定第二个打断点:

结果如图 4-12 所示。

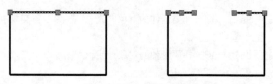

图 4-12 "打断"命令

选项说明如下。

① 如果选择"第一点（F）"，AutoCAD 系统将放弃前面的第一个选择点，重新提示用户指定两个断开点。

② 如果仅想将对象在某点打断，可直接应用"修改"中的"打断于点"命令，调用"打断"命令的方式。

功能区："常用"标签|"修改"面板|"⊏打断于点"。

4.5

合并和分解

4.5.1 合　并

合并对象是指将同类多个对象合并为一个对象，即将位于同一条直线上的两条或多条直线并为一条直线，将位于一个圆周上的多个圆弧（椭圆弧）合并为一个圆弧或整圆（椭圆），或将一条多段线和与其首尾相连的一条或多条直线、多段线、圆弧或样条曲线合并在一起。

在 AutoCAD 2010 中，调用"合并"命令有以下三种方式。

① 命令行：join。

② 菜单："修改"|"合并"。

③ 功能区："常用"标签|"修改"面板|"⊣⊢合并"。

执行"合并"命令后，AutoCAD 提示如下。

命令: JOIN 选择源对象:
选择要合并到源的直线: 找到 1 个
选择要合并到源的直线:
已将 1 条直线合并到源

结果如图 4-13 所示。

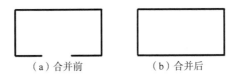

（a）合并前　　　　　（b）合并后

图 4-13　"合并"命令

4.5.2　分　　解

在 AutoCAD 中，有许多组合对象，如块、矩形、圆环、多边形、多段线、标注、多线、图案填充、三维网格、面域等。若要对这些对象进行进一步的修改，需要将它们分解为各个层次的组成对象。分解命令就是用于将这些组合对象分解为组合前的单个对象。

在 AutoCAD 2010 中，调用"分解"命令有以下三种方式。

① 命令行：explode。

② 菜单：▲|"修改"|"分解"。

③ 功能区："常用"标签|"修改"面板|"🔲分解"。

执行"分解"命令后，AutoCAD 提示如下。

命令：_explode
选择对象：找到 1 个（单击鼠标右键结束选取）
选择对象：（分解实体）

提示：执行"分解"命令后，有时在图形外观上看不出任何的变化，但用鼠标直接拾取对象后可以发现它们之间的区别。

结果如图 4-14 所示。

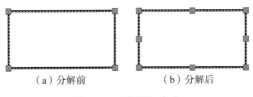

（a）分解前　　　　　（b）分解后

图 4-14　"分解"命令

4.6

圆角和倒角

4.6.1　圆　　角

圆角是通过一个指定半径的圆弧来光滑地连接两个对象，修改圆角的对象可以是圆弧、圆、椭圆、直线、多段线和样条曲线等。

在 AutoCAD 2010 中，调用"圆角"命令有以下三种方式。

① 命令行：fillet。

② 菜单："修改"|"圆角"。

③ 功能区："常用"标签|"修改"面板|"⬜圆角"。

【例 4-5】对矩形进行倒圆角，如图 4-15 所示。

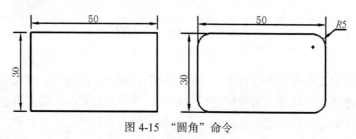

图 4-15 "圆角"命令

绘图步骤如下。

```
命令：FILLET
当前设置：模式 = 修剪，半径 = 0.0000
选择第一个对象或 [放弃(U)/多段线(P)/半径(R)/修剪(T)/多个(M)]: r
指定圆角半径 <0.0000>: 5
选择第一个对象或 [放弃(U)/多段线(P)/半径(R)/修剪(T)/多个(M)]:
选择第二个对象，或按住 Shift 键选择要应用角点的对象:
命令：FILLET
当前设置：模式 = 修剪，半径 = 5.0000
选择第一个对象或 [放弃(U)/多段线(P)/半径(R)/修剪(T)/多个(M)]:
选择第二个对象，或按住 Shift 键选择要应用角点的对象:
命令：FILLET
当前设置：模式 = 修剪，半径 = 5.0000
选择第一个对象或 [放弃(U)/多段线(P)/半径(R)/修剪(T)/多个(M)]:
选择第二个对象，或按住 Shift 键选择要应用角点的对象:
命令：FILLET
当前设置：模式 = 修剪，半径 = 5.0000
选择第一个对象或 [放弃(U)/多段线(P)/半径(R)/修剪(T)/多个(M)]:
选择第二个对象，或按住 Shift 键选择要应用角点的对象:
```

4.6.2 倒　　角

倒角命令用于在两条非平行线之间创建直线的方法，修倒角的对象可以是直线和多段线等。

在 AutoCAD 2010 中，调用"倒角"命令有以下三种方式。

① 命令行：chamfer。

② 菜单："修改"|"倒角"。

③ 功能区："常用"标签|"修改"面板|"⬜倒角"。

执行"倒角"命令后，AutoCAD 提示如下。

```
命令: _chamfer
```

（"修剪"模式）当前倒角距离 1 = 0.0000，距离 2 = 0.0000

选择第一条直线或 [放弃(U)/多段线(P)/距离(D)/角度(A)/修剪(T)/方式(E)/多个(M)]：（在该提示下选择要进行倒角的对象或者通过其他选项进行操作）

　　AutoCAD 采用两种方法确定连接两个线性对象的斜线：一是指定斜线距离；二是指定斜线角度和一个斜线距离。

1. 指定斜线距离

斜线距离是指被连接的对象与斜线的交点到被连接的两对象的可能的交点之间的距离。

【例 4-6】对矩形进行倒角，如图 4-16 所示。

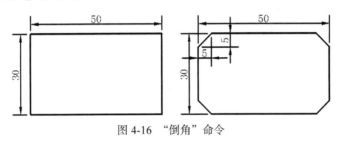

图 4-16　"倒角"命令

绘图步骤如下。

```
命令: _chamfer
（"修剪"模式）当前倒角距离 1 = 0.0000，距离 2 = 0.0000
选择第一条直线或 [放弃(U)/多段线(P)/距离(D)/角度(A)/修剪(T)/方式(E)/多个(M)]: d
指定第一个倒角距离 <0.0000>: 5
指定第二个倒角距离 <5.0000>:
选择第一条直线或 [放弃(U)/多段线(P)/距离(D)/角度(A)/修剪(T)/方式(E)/多个(M)]:
选择第二条直线，或按住 Shift 键选择要应用角点的直线:
命令: CHAMFER
（"修剪"模式）当前倒角距离 1 = 5.0000，距离 2 = 5.0000
选择第一条直线或 [放弃(U)/多段线(P)/距离(D)/角度(A)/修剪(T)/方式(E)/多个(M)]:
选择第二条直线，或按住 Shift 键选择要应用角点的直线:
命令: CHAMFER
（"修剪"模式）当前倒角距离 1 = 5.0000，距离 2 = 5.0000
选择第一条直线或 [放弃(U)/多段线(P)/距离(D)/角度(A)/修剪(T)/方式(E)/多个(M)]:
选择第二条直线，或按住 Shift 键选择要应用角点的直线:
命令: CHAMFER
（"修剪"模式）当前倒角距离 1 = 5.0000，距离 2 = 5.0000
选择第一条直线或 [放弃(U)/多段线(P)/距离(D)/角度(A)/修剪(T)/方式(E)/多个(M)]:
选择第二条直线，或按住 Shift 键选择要应用角点的直线:
```

2. 指定斜线角度和一个斜线距离

采用这种方法用斜线连接对象时，需要输入两个参数：斜线与一个对象的斜线距离和斜线与另一个对象的夹角。

【例 4-7】对矩形进行倒角，如图 4-17 所示。

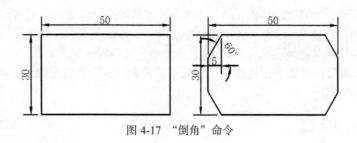

图 4-17 "倒角"命令

绘图步骤如下。

```
命令: _chamfer
("修剪"模式) 当前倒角距离 1 = 5.0000，距离 2 = 5.0000
选择第一条直线或 [放弃(U)/多段线(P)/距离(D)/角度(A)/修剪(T)/方式(E)/多个(M)]: a
指定第一条直线的倒角长度 <0.0000>: 5
指定第一条直线的倒角角度 <0.00>: 60
选择第一条直线或 [放弃(U)/多段线(P)/距离(D)/角度(A)/修剪(T)/方式(E)/多个(M)]:
选择第二条直线，或按住 Shift 键选择要应用角点的直线:
命令: CHAMFER
("修剪"模式) 当前倒角长度 = 5.0000，角度 = 60.00
选择第一条直线或 [放弃(U)/多段线(P)/距离(D)/角度(A)/修剪(T)/方式(E)/多个(M)]:
选择第二条直线，或按住 Shift 键选择要应用角点的直线:
命令: CHAMFER
("修剪"模式) 当前倒角长度 = 5.0000，角度 = 60.00
选择第一条直线或 [放弃(U)/多段线(P)/距离(D)/角度(A)/修剪(T)/方式(E)/多个(M)]:
选择第二条直线，或按住 Shift 键选择要应用角点的直线:
命令: CHAMFER
("修剪"模式) 当前倒角长度 = 5.0000，角度 = 60.00
选择第一条直线或 [放弃(U)/多段线(P)/距离(D)/角度(A)/修剪(T)/方式(E)/多个(M)]:
选择第二条直线，或按住 Shift 键选择要应用角点的直线:
```

第5章

文字与表格

【学习目标】

通过本章的学习，掌握单行文字与多行文字的创建、样式设置与编辑方法；掌握正确设置表格样式与插入表格的方法，能够灵活应用文字和表格的编辑功能，能够表达图形的各种信息。

【本章重点】

创建文字样式。

设置表格样式。

创建与编辑单行文字和多行文字。

使用文字控制符和"文字格式"工具栏编辑文字。

创建表格。

编辑表格和表格单元。

【本章难点】

文字与表格的编辑方法。

5.1

设置文字样式

AutoCAD 图形中的文字是根据当前文字样式标注的。文字样式说明所标注文字使用的字体以及其他设置，如字高、字颜色、文字标注方向等。AutoCAD 2010 为用户提供了默认文字样式 STANDARD。当在 AutoCAD 中标注文字时，如果系统提供的文字样式不能满足国家制图标准或用户的要求，则应首先定义文字样式。

命令：STYLE。

单击对应的工具栏按钮，或选择"格式"|"文字样式"命令，即执行 STYLE 命令，AutoCAD 弹出如图 5-1 所示的"文字样式"对话框。

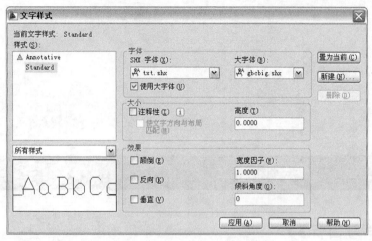

图 5-1 "文字样式"对话框

对话框中，"样式"列表框中列有当前已定义的文字样式，用户可从中选择对应的样式作为当前样式或进行样式修改。"字体"选项组用于确定所采用的字体。"大小"选项组用于指定文字的高度。"效果"选项组用于设置字体的某些特征，如字的宽高比（即宽度比例）、倾斜角度、是否倒置显示、是否反向显示以及是否垂直显示等。预览框组用于预览所选择或所定义文字样式的标注效果。"新建"按钮用于创建新样式。"置为当前"按钮用于将选定的样式设为当前样式。"应用"按钮用于确认用户对文字样式的设置。单击"确定"按钮，AutoCAD 关闭"文字样式"对话框。

5.2 单行文字

文字对象是 AutoCAD 图形中很重要的图形元素，是机械制图和工程制图中不可缺少的组成部分。在一个完整的图样中，通常都包含一些文字注释来标注图样中的一些非图形信息。例如，机械工程图形中的技术要求、装配说明；工程制图中的材料说明、施工要求以及明细栏中的各种信息等。对于不需要使用多种字体的简短内容，可使用"单行文字"添加内容。单行文字标注方式可以为图形标注一行或几行文字，而每行文字都是一个独立的对象，读者可以对其重定位、调整格式或进行其他修改。

5.2.1 创建单行文字

调用"单行文字"命令有以下两种方式。

① 选择"绘图"|"文字"|"单行文字"菜单命令。

② 输入命令：Text 或 Dtext。

"指定文字的起点"：该选项为默认选项，输入或拾取注写文字的起点位置。

"对正（J）"：该选项用于确定文本的对齐方式。在 AutoCAD 系统中，确定文本位置采用 4 条线，即顶线、中线、基线和底线，如图 5-2 所示。各项基点的位置如图 5-10 所示。

图 5-2 文本排列位置的基准线

图 5-3 各项基点的位置

5.2.2 输入特殊字符

创建单行文字时，用户还可以在文字中输入特殊字符，例如直径符号ϕ、百分号%、正负公差符号±、文字的上划线、下划线等，但是这些特殊符号一般不能由标注键盘直接输入，为此系统提供了专用的代码。每个代码是由 "%% 与一个字符所组成，如%%C、%%D、%%P 等。表 5-1 为用户提供了特殊字符的代码。

表 5-1　　　　　　　　　　　　　特殊字符的代码

输入代码	对应字符	输入效果
%%O	上划线	文字说明
%%U	下划线	文字说明
%%D	度数符号 "。"	90°
%%P	公差符号 "±"	± 100
%%C	圆直径标注符号 "ϕ"	ϕ50
%%%	百分号 "%"	95%
\U+2220	角度符号 "∠"	∠A
\U+2245	几乎相等 "≈"	X≈A
\U+2250	不相等 "≠"	A≠B
\U+00B2	上标 2	X^2
\U+2052	下标 2	X_2

提示： 使用"单行文字"并不是只能输一行文字，也可以用其创建几行文字，但是每行文字都是一个独立的对象，可以对其重定位、调整格式或进行其他编辑修改。

5.3

多 行 文 字

当需要标注的文字内容较长、字体较复杂时，可以使用"Mtext"命令进行多行文字标注。多行文字又称为段落文字，它是由任意数目的文字行或段落所组成的。与单行文字不同的是，在一个多行文字编辑任务中创建的所有文字行或段落将被视作同一个多行文字对象，读者可以对其进行整体选择、移动、旋转、删除、复制、镜像、拉伸或比例缩放等操作。另外，与单行文字相比较，多行文字还具有更多的编辑选项，如对文字加粗、增加下划线、改变字体颜色等。

1. 创建多行文字

调用"多行文字"命令有以下三种方法。

① 选择"绘图"|"文字"|"多行文字"菜单命令。

② 单击绘图工具栏上的"多行文字"按钮 **A**。

③ 输入命令：Mtext。

启动"多行文字"命令后，鼠标指针变为如图 5-4 所示的形式，在绘图窗口中，单击指定一点并向下方拖动鼠标绘制出一个矩形框，如图 5-5 所示。绘图区内出现的矩形框用于指定多行文字的输入位置与大小，其箭头指示文字书写的方向。

图 5-4　鼠标指针形状

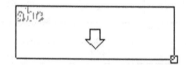

图 5-5　拖动鼠标过程

拖动鼠标到适当位置后单击，弹出"在位文字编辑器"，它包括一个顶部带标尺的"文字输入"框和"文字格式"工具栏，如图 5-6 所示。

在"文字输入"框输入需要的文字，当文字达到定义边框的边界时会自动换行排列。输入完成后，单"确定"按钮，此时文字显示在用户指定的位置。

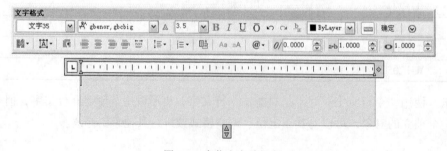

图 5-6　在位文字编辑器

2. "文字格式"工具栏中的选项

① "文字格式"工具栏控制多行文字对象的文字样式和选定文字的字符格式。

② "样式"下拉列表框：单击"样式"下拉列表框右侧的 ▼ 按钮，弹出其下拉列表，从中即可向多行文字对象应用文字样式。

③ "字体"下拉列表框：单击"字体"下拉列表框右侧的 ▼ 按钮，弹出其下拉列表，从中即可为新输入的文字指定字体或改变选定文字的字体。

④ "字体高度"下拉列表框：单击"字体高度"下拉列表框右侧的 ▼ 按钮，弹出其下拉列表，从中即可按图形单位设置新文字的字符高度或修改选定文字的高度。

⑤ "粗体"按钮 **B**：若用户所选的字体支持粗体，则单击此按钮，为新建文字或选定文字打开和关闭粗体格式。

⑥ "斜体"按钮 *I*：若用户所选的字体支持斜体，则单击此按钮，为新建文字或选定文字打开和关闭斜体格式。

⑦ "下划线"按钮 U：单击"下划线"按钮 U 为新建文字或选定文字打开和关闭下划线。

⑧ "放弃"按钮 ↰ 与【重做】按钮 ↱：用于在"在位文字编辑器"中放弃和重做操作。

⑨ "堆叠"按钮 ⅙：用于创建堆叠文字（选定文字中包含堆叠字符：插入符（^）、正向斜杠（／）和磅符号（#）时），堆叠字符左侧的文字将堆叠在字符右侧的文字之上。如果选定堆叠文字，单击"堆叠"按钮 ⅙ 则取消堆叠。

⑩ "文字颜色"下拉列表框：用于为新输入的文字指定颜色或修改选定文字的颜色。

⑪ "标尺"按钮 ▭：用于在编辑器顶部显示或隐藏标尺。拖动标尺末尾的箭头可更改多行文字对象的宽度。

⑫ "左对齐"按钮 ▤：用于设置文字边界左对齐。

⑬ "居中对齐"按钮 ▤：用于设置文字边界居中对齐。

⑭ "右对齐"按钮 ▤：用于设置文字边界右对齐。

⑮ "对正"按钮 ▤：用于设置文字对正。

⑯ "分布"按钮 ▦：用于设置文字均匀分布。

⑰ "底部"按钮 ▤：用于设置文字边界底部对齐。

⑱ "编号"按钮 ☰：用于使用编号创建带有句点的列表。

⑲ "项目符号"按钮 ☰：用于使用项目符号创建列表。

⑳ "插入字段"按钮 ⧉：单击"插入字段"按钮，弹出"字段"对话框，如图 5-15 所示。从中可以选择要插入到文字中的字段。关闭该对话框后，字段的当前值将显示在文字中。

㉑ "大写"按钮 **ⱥA**：用于将选定文字更改为大写。

㉒ "小写"按钮 **Aa**：用于将选定文字更改为小写。

㉓ "上划线"按钮 ō：用于将直线放置到选定文字上。

㉔ "符号"按钮 @：用于在光标位置插入符号或不间断空格，单击 @ 按钮，弹出字段对话框，选择最下面 其他(O)... 选项，弹出"字符映射表"对话框，可选择所需的符号。

㉕ "倾斜角度"列表框 *0/* 0.0000 ⬍：用于确定文字是向右倾斜还是向左倾斜。倾斜角度表示的是相对于 90° 角方向的偏移角度。输入一个 –55° ~ 55° 之间的数值使文字倾斜。

㉖ "追踪"列表框 `a⊷b 1.0000`：用于增大或减小选定字符之间的空间。默认值为 1.0，是常规间距。设置值大于 1.0 可以增大该宽度，反之则减小该宽度。

㉗ "宽度比例"列表框 `a⊷b 1.0000`：用于扩展或收缩选定字符。默认值为 1.0，代表此字体中字母的常规宽度。设置大于 1.0 可以增大该宽度，反之则减小该宽度。

5.4 编 辑 文 字

命令：DDEDIT。

单击"文字"工具栏上的 `A` （编辑文字）按钮，或选择"修改"|"对象"|"文字"|"编辑"命令，即执行 DDEDIT 命令，AutoCAD 提示如下。

选择注释对象或 [放弃(U)]:

此时应选择需要编辑的文字。标注文字时使用的标注方法不同，选择文字后 AutoCAD 给出的响应也不相同。如果所选择的文字是用 DTEXT 命令标注的，选择文字对象后，AutoCAD 会在该文字四周显示出一个方框，此时用户可直接修改对应的文字。

如果在"选择注释对象或 [放弃（U）]:"提示下选择的文字是用 MTEXT 命令标注的，AutoCAD 则会弹出在位文字编辑器，并在该对话框中显示出所选择的文字，供用户编辑、修改。

5.5 注释性文字

AutoCAD 2010 可以将文字、尺寸、形位公差、块、属性、引线等指定为注释性对象。

5.5.1 注释性文字样式

用于定义注释性文字样式的命令也是 STYLE，其定义过程与文字样式的定义过程类似。执行 STYLE 命令后，在打开的"文字样式"对话框中，除按 5-1 节介绍的过程设置样式后，还应选中"注释性"复选框。选中该复选框后，会在"样式"列表框中的对应样式名前显示图标，表示该样式属于注释性文字样式。

5.5.2 标注注释性文字

用 DTEXT 或 MTEXT 命令标注文字时，只要将对应的注释性文字样式设为当前样式 ，或选择标注注释性文字，然后按前面介绍的方法标注即可。

5.6

创 建 表 格

5.6.1　创 建 表 格

单击"绘图"工具栏上的 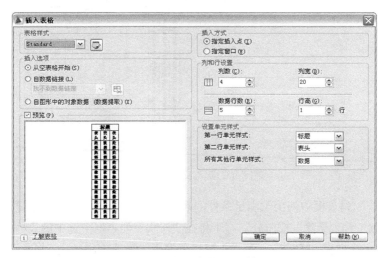（表格）按钮，或选择"绘图"|"表格"命令，即执行 TABLE 命令，AutoCAD 弹出"插入表格"对话框，如图 5-7 所示。

图 5-7　"插入表格"对话框

此对话框用于选择表格样式，设置表格的有关参数。其中，"表格样式"选项用于选择所使用的表格样式。"插入选项"选项组用于确定如何为表格填写数据。预览框用于预览表格的样式。"插入方式"选项组设置将表格插入到图形时的插入方式。"列和行设置"选项组则用于设置表格中的行数、列数以及行高和列宽。"设置单元样式"选项组分别设置第一行、第二行和其他行的单元样式。

通过"插入表格"对话框确定表格数据后，单击"确定"按钮，而后根据提示确定表格的位置，即可将表格插入到图形，且插入后 AutoCAD 弹出"文字格式"工具栏，并将表格中的第一个单元格醒目显示，此时就可以向表格输入文字，如图 5-8 所示。

5.6.2　定 义 表 格 样 式

单击"样式"工具栏上的（表格样式）按钮，或选择"格式"|"表格样式"命令，即执行 TABLESTYLE 命令，AutoCAD 弹出"表格样式"对话框，如图 5-9 所示。

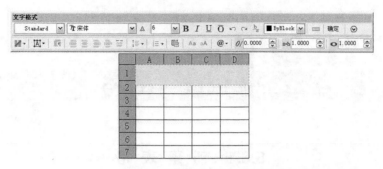

图 5-8 "文字格式"工具栏

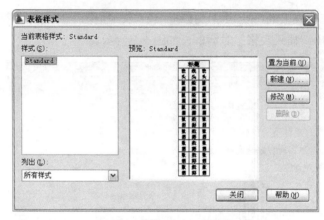

图 5-9 "表格样式"对话框

其中,"样式"列表框中列出了满足条件的表格样式;"预览"图片框中显示出表格的预览图像,"置为当前"和"删除"按钮分别用于将在"样式"列表框中选中的表格样式置为当前样式、删除选中的表格样式;"新建"、"修改"按钮分别用于新建表格样式、修改已有的表格样式。

单击"表格样式"对话框中的"新建"按钮,AutoCAD 弹出"创建新的表格样式"对话框,如图 5-10 所示。

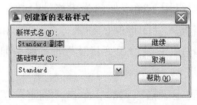

图 5-10 "创建新的表格样式"对话框

通过对话框中的"基础样式"下拉列表选择基础样式,并在"新样式名"文本框中输入新样式的名称后,单击"继续"按钮,AutoCAD 弹出"新建表格样式"对话框,如图 5-11 所示。

对话框中,左侧有起始表格、表格方向下拉列表框和预览图像框三部分。其中,起始表格用于使用户指定一个已有表格作为新建表格样式的起始表格。表格方向列表框用于确定插入表格时的表方向,有"向下"和"向上"两个选择,"向下"表示创建由上而下读取的表,即标题行和列标题行位于表的顶部,"向上"则表示将创建由下而上读取的表,即标题行和列标题行位于表的底部;图像框用于显示新创建表格样式的表格预览图像。

图 5-11 "新建表格样式"对话框

　　"新建表格样式"对话框的右侧有"单元样式"选项组等，用户可以通过对应的下拉列表确定要设置的对象，即在"数据"、"标题"和"表头"之间进行选择。

　　选项组中，"常规"、"文字"和"边框" 3 个选项卡分别用于设置表格中的基本内容、文字和边框。

　　完成表格样式的设置后，单击"确定"按钮，AutoCAD 返回到"表格样式"对话框，并将新定义的样式显示在"样式"列表框中。单击该对话框中的"确定"按钮关闭对话框，完成新表格样式的定义。

第6章

尺寸标注与编辑

【学习目标】

根据国家标准，完成图样中各种不同类型的尺寸标注；尺寸标注做到正确、完全、清晰、合理。

【本章重点】

掌握不同类型尺寸的标注。

【本章难点】

尺寸标注的规范与完整。

6.1 尺寸标注概述

6.1.1 尺寸标注的组成

在 AutoCAD 中，尺寸标注的要素与中国工程图样绘制标准类似，一个完整的尺寸标注由尺寸线、尺寸界线、尺寸箭头和尺寸数字组成，如图 6-1 所示。

1. 尺寸线

尺寸线用来表示标注的方向，一般为直线，角度标注为圆弧线，用细实线绘制。

2. 尺寸界线

尺寸界线用来表示尺寸度量的范围。一般用细实线来描述。

3. 尺寸文本

尺寸文本表示尺寸度量的值。包括基本尺寸、尺寸公差以及前缀、后缀等。

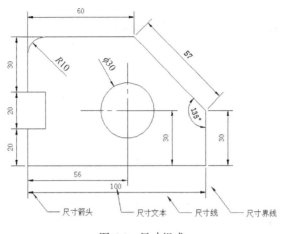

图 6-1　尺寸组成

4．尺寸箭头

尺寸箭头用来表示尺寸度量的起止点，一般用实心箭头来描述。

5．形位公差

形位公差由形位公差符号、公差值、基准等组成。

6．引线标注

从被标注的实体引出直线，末端可以加上注释文字或形位公差等。

6.1.2　尺寸标注的准备工作

为了准确、快速地标注尺寸，在标注尺寸前应该做好以下工作。

① 建立标注图层。

② 创建尺寸文字样式。

③ 设置尺寸标注样式。

④ 保存用户设置的尺寸标注样式。

6.2

尺寸标注样式设置

6.2.1　尺寸标注的类型

在 AutoCAD 中，根据尺寸标注的要求可以完成各种尺寸标注，如线性标注、对齐标注、弧长标注、坐标标注、半径标注、折弯标注、直径标注、角度标注、基线标注、连续标注、多重引线、公差标注、圆心标记等类型，如图 6-2 所示。

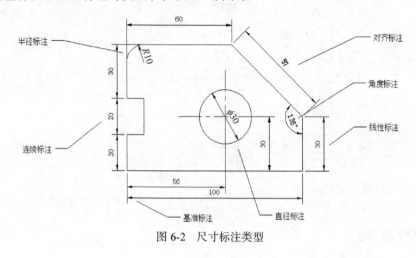

图 6-2 尺寸标注类型

6.2.2 命 令 格 式

启动"标注样式"可以通过下面三种方式。

① 命令行：dimstyle。

② 菜单："格式"|"标注样式"。

③ 在"功能区"选项板中选择"注释"选项卡，在"标注"面板中单击相关按钮。

弹出如图 6-3 所示的对话框。

6.2.3 标注样式管理器

在"标注样式管理器"对话框中，可以新建、修改、替换和编辑尺寸标注样式。

1. 当前标注样式

显示当前正在使用的标注样式。

2. 样式

在"样式"列表框中列出了所有样式的名称，可以单击名称进行选择。

3. 列出

通过该下拉列表可以选择在"样式"列表框显示的样式种类，默认的所有类型的样式都显示在"样式"列表框，也可以选择仅列出正在使用的样式。

4. 置为当前

用户在"样式"列表框中选择一个标注样式，然后单击此按钮，即将它设为当前标注样式。

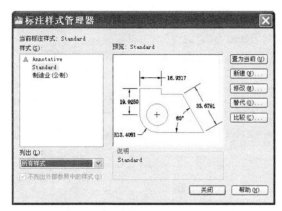

图 6-3 "标注样式管理器"对话框

5．新建

单击按钮可以新建一种标注样式，系统会弹出如图 6-4 所示的"创建新标注样式"对话框。

① 新样式名。用来指定新样式的名称。

② 基础样式。该下拉表框用于选择创建新样式。

③ 用于。限定新标注样式的应用范围，如图 6-5 所示。

图 6-4 "创建新标注样式"对话框

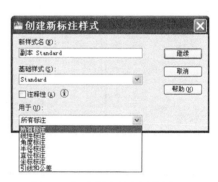

图 6-5 标注样式的应用范围

完成上述相应操作后选择"继续"按钮进入样式的设置，系统弹出如图 6-6 所示的对话框。

6．修改

单击该按钮弹出如图 6-7 所示"修改标注样式"对话框，用户可以对选中的标注样式的设置进行修改。

7．替代

通过该按钮为一种标注样式建立临时替代样式，来满足某种特殊需要。

8．比较

该按钮用来比较两种标注样式的不同。单击后系统会弹出图 6-8 所示的"比较标注样式"对话框。

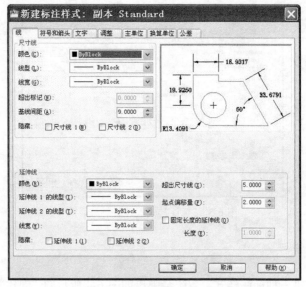

图 6-6 "新建标注样式"对话框

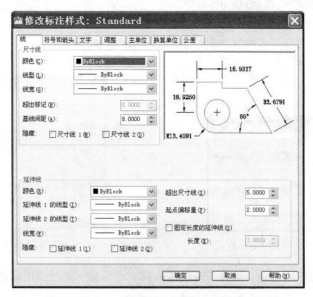

图 6-7 "修改标注样式"对话框

6.2.4 设置尺寸标注样式

单击"标注样式管理器"对话框中的"修改"或"代替"按钮以及"创建新标注样式"对话框中的"继续"按钮后，打开"新建标注样式"对话框，可以进行具体的尺寸样式设置。

1. 线

通过"线"选项卡可以设置尺寸线、尺寸界线的格式和位置特征，该选项卡如图 6-7 所示。
（1）尺寸线

设置尺寸线的特征。

① 颜色。默认的颜色为"随块",可以从下拉菜单中选择一种颜色。

图 6-8 "比较标注样式"对话框

② 线宽。默认的尺寸线线宽为"随块",可以从下拉菜单中选择一种线宽。

③ 基线间距。指平行尺寸线间的距离。如当创建基线标注尺寸时,相邻尺寸间的距离,如图 6-9 所示。

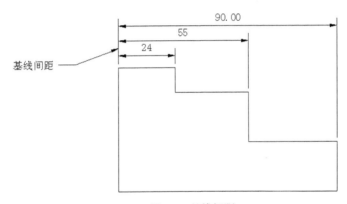

图 6-9 基线间距

④ 隐藏。该项包含"尺寸线 1"、"尺寸线 2"两个复选框,分别控制是否显示尺寸线 1 和尺寸线 2。选中的为不显示,如图 6-10 所示。

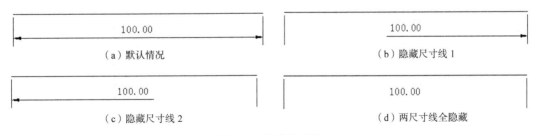

图 6-10 隐藏尺寸线

(2)延伸线

设置尺寸界线的特征如下。

① 颜色。默认的颜色为"随块",可以从下拉菜单中选择一种颜色。

② 线宽。设定尺寸界线的线宽,默认线宽是"随块"。

③ 超出尺寸线。用来设置尺寸界线超出尺寸线的长度,如图 6-11 所示。

④ 起点偏移量。用来设定尺寸界线起点距标注尺寸的偏移距离如图 6-12 所示。

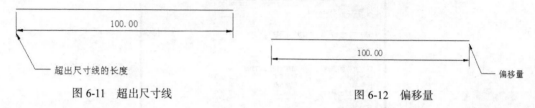

图 6-11 超出尺寸线   图 6-12 偏移量

⑤ 隐藏。"尺寸界线 1"和"尺寸界线 2"控制第一条和第二条尺寸界线的可见性,如图 6-13 所示。

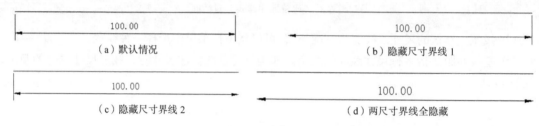

图 6-13 隐藏尺寸线

2. 符号和箭头

通过该选项卡可以设置标注箭头的类型、圆心标记、折断标注、弧长符号、半径折弯标注和线性折弯标注,如图 6-14 所示。

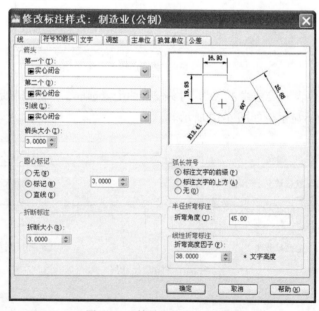

图 6-14 "符号和箭头"选项卡

（1）箭头

用来控制箭头的显示外观，用户可以将两尺寸箭头设置成不同的形式。

① 第一个、第二个。可以用下拉列表选择尺寸线两端箭头的样式，AutoCAD 2010 提供了20 种标准的箭头类型，如图 6-15 所示，如果选择了第一个箭头的形式，第二个箭头也将采用相同的形式，如果想使其不同，就需要在第一下拉列表和第二个下拉列表中分别进行设置。

② 引线。引线标注时引线起点处的箭头样式。

③ 箭头大小。用来设置箭头的大小尺寸。

图 6-15　箭头类型

（2）圆心标记

表示圆或圆弧中心的标记类型为：无、标记、直线，可以设置其大小，如图 6-16 所示。

（a）标记　　　　　　　　　　（b）直线

图 6-16　圆心标记

（3）折断标注

表示控制折断标注的间距大小。

（4）弧长符号

① 标注文字的前缀。表示将弧长符号放在标注文字之前。

② 标注文字的上方。表示将弧长符号放在标注文字上方。

③ 无。表示不显示弧长符号。

（5）半径折弯标注

表示折弯半径标注中尺寸线的横向线段的角度，如图 6-17 所示。

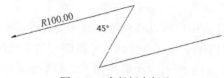

图 6-17　半径折弯标注

（6）线性折弯标注

由形成折弯的角度的两个顶点之间的距离 h 来确定的折弯高度值。

3. 文字

该选项卡用来设置文字外观、文字位置、文字对齐，如图 6-18 所示。

（1）文字外观

用来控制文字样式、文字颜色、填充颜色、文字高度等。

① 文字样式。设置尺寸文本的文字样式。

② 文字颜色。设置尺寸文本的颜色。

③ 填充颜色。设置尺寸文本的背景颜色。

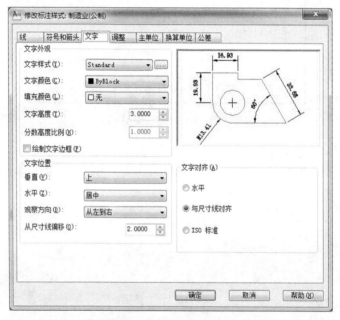

图 6-18　"文字"选项卡

④ 文字高度。设置尺寸文本的字高。

⑤ 分数高度比例。设置相对于尺寸文本的分数部分的字高比例，当在"主单位"选项卡上选择"分数"作为单位格式时，此项才有效。通过输入的值与文本高度的乘积来确定标注中分数相对于尺寸文本的高度。

⑥ 绘制文字边框。选择此按钮，将会在尺寸文本周围绘制一个边框。

（2）文字位置

用来设置尺寸文本的位置。

① 垂直。设置尺寸文本在垂直方向上的位置。

a. 居中：尺寸文本在尺寸线的中间如图 6-19（a）所示。

b. 上方：尺寸文本在尺寸线的上方如图 6-19（b）所示。

c. 外部：尺寸文本放在尺寸线原理第一条尺寸界线原点的一边如图 6-19（c）所示。

d. JIS：参照日本工业标准放置尺寸文本。

e. 下方：尺寸文本在尺寸线的下方如图 6-19（d）所示。

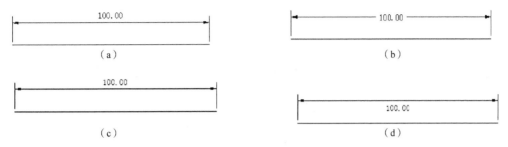

图 6-19　尺寸文本在垂直方向的位置

② 水平。设置尺寸文本在水平方向上的位置。

a. 居中：表示尺寸文本在两条尺寸界线的中间，如图 6-20（a）所示。

b. 第一条延伸线：尺寸文本将靠近第一条尺寸界线，如图 6-20（b）所示。

c. 第二条延伸线：尺寸文本将靠近第二条尺寸界线，如图 6-20（c）所示。

d. 第一条延伸线上方：沿第一条尺寸界线放置尺寸文本或将文本放在第一条尺寸界线之上，如图 6-20（d）所示。

e. 第二条延伸线上方：沿第二条尺寸界线放置尺寸文本或将文本放在第二条尺寸界线之上，如图 6-20（e）所示。

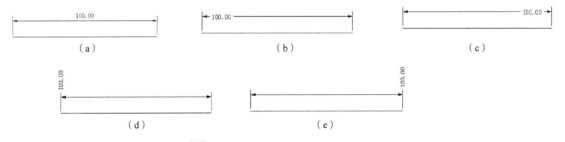

图 6-20　尺寸文本在水平方向的位置

（3）文字对齐

进行尺寸文本放置方向的设置。

a. 水平：尺寸文本水平放置，如图 6-21（a）所示。

b. 与尺寸线对齐：使尺寸文本沿尺寸线方向放置，如图 6-21（b）所示。

c. ISO 标准：按照 ISO 标准放置尺寸文本，如图 6-21（c）所示。

4. 调整

该选项卡如图 6-22 所示包括调整选项、文字位置、标注特征比例、优化等。

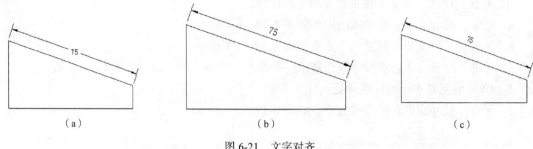

图 6-21　文字对齐

图 6-22　"调整"选项卡

（1）调整选项

当延伸线之间没有足够的空间来放置文字和箭头时的布置方式。

① 文字和箭头（最佳）。当尺寸界线内不能放下文本和箭头时，尽量将其中的一个放在尺寸界线之内。

② 箭头：优先考虑将箭头从尺寸界线内移出。

③ 文字：优先考虑将文字从尺寸界线内移出。

④ 文字和箭头：当不能同时放下尺寸文本和箭头时，将二者都放置在尺寸界线之外。

⑤ 文字始终保持在延伸线之间。

⑥ 若箭头不能放在延伸线内，则将其移除。

（2）文字位置

设置当文字在尺寸界线之外时的位置。

① 尺寸线旁边。

② 尺寸线上方，带引线。

③ 尺寸线上方，不带引线。

（3）标注特征比例

设置全局标注比例。

① 将标注缩放到布局：根据当前模型空间适口和图纸空间之间的比例确定比例因子。

② 使用全局比例：为标注演示的所有设置来设置一个比例，这些设置指定了大小、距离，包含文字和箭头的大小。

（4）优化

① 手动放置文字：在标注时，手动确定尺寸文本的放置位置，同时忽略所有水平对齐设置。

② 在延伸线之间绘制尺寸线：始终保持在尺寸界线之间绘制尺寸线。

5. 主单位

该选项卡如图 6-23 所示，包含线性标注、角度标注两部分。

图 6-23 "主单位"选项卡

（1）线性标注

① 单位格式：可以选择科学单位、小数单位、工程单位、建筑单位、分数单位和 Windows 桌面等。

② 精度：设置尺寸单位的精度。

③ 分数格式：当"单位格式"中选择"分数"或"建筑"单位时才有效。

④ 小数分隔符：有逗号、句号、空格三种。

⑤ 舍入：设置舍入精度。

⑥ 前缀：设置主单位前缀。

⑦ 后缀：设置主单位后缀。

⑧ 测量比例因子：色绘制尺寸测量的比例因子。

⑨ 消零：当选择"前导"可以消除尺寸文本前无效的"0"，选择"后续"可以消除尺寸文本后无效的"0"。

（2）角度标注

设置方法同线性标注。

6.3 标注尺寸

AutoCAD 2010 将尺寸标注分为长度尺寸标注、直径（半径）尺寸标注、角度尺寸标注、坐标尺寸标注、引线标注等。

6.3.1 长度尺寸标注

长度型尺寸标注用于标注图形中两点间的长度，可以是端点、交点、圆弧弦线端点或能够识别的任意两个点。在 AutoCAD 2010 中，长度型尺寸标注包括多种类型，如线性标注、对齐标注等。

1. 线性标注

（1）功能

用来标注两点之间的距离，可以指定点或选择一个对象。

（2）命令执行方式

① 在快速访问工具栏选择【显示菜单栏】命令，在弹出的菜单中选择【标注】|【线性】命令（DIMLINEAR）。

② 在【功能区】选项板中选择【注释】选项卡，在【标注】面板中单击【线性】按钮。

（3）操作过程

```
命令：_dimlinear
指定第一条延伸线原点或 <选择对象>：
指定第二条延伸线原点：
指定尺寸线位置或[多行文字(M)/文字(T)/角度(A)/水平(H)/垂直(V)/旋转(R)]：
```

选项说明如下。

① 选择对象：可以通过选定对象的方式来确定尺寸界线的起点，此时标注将选择对象的两个端点作为标注尺寸界线的起始点。

② 指定尺寸线位置：通过移动鼠标指针，在平面上何时的位置单击鼠标左键，确定所标尺寸的水平或垂直放置的位置。

③ 多行文字（M）：选择此项可以打开"多行文字编辑器"窗口，如图 6-24 所示，可以输入新的文字内容。

④ 单行文字（T）：选择此项后可以直接在命令行输入标注文字。

⑤ 角度 （A）：用来调整尺寸文字的放置角度，如图 6-25 所示。

⑥ 水平（H）：强制水平放置尺寸文字。

⑦ 垂直（V）：强制垂直放置尺寸文字。

⑧ 旋转（R）：用于旋转标注的尺寸文字。

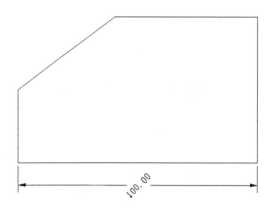

图 6-24　输入新的文字内容　　　　　　　　图 6-25　调整尺寸文字的放置角度

【例 6-1】运用线性标注给图 6-26 标注尺寸。

操作步骤如下。

```
命令: _dimlinear  ✓
指定第一条延伸线原点或 <选择对象>:                    (拾取 A 点)
指定第二条延伸线原点:                              (拾取 B 点)
指定尺寸线位置或[多行文字(M)/文字(T)/角度(A)/水平(H)/垂直(V)/旋转(R)]:
(在屏幕中拾取某个位置来放置尺寸文字)
```

完成第一个尺寸的标注，接着依次选取 *BC*、*CD*、*DE*、*DE*、*EA* 线段，完成所有尺寸的标注，如图 6-27 所示。

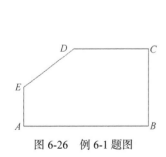

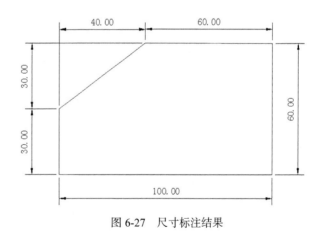

图 6-26　例 6-1 题图　　　　　　　　　　图 6-27　尺寸标注结果

2. 对齐尺寸标注

（1）功能

用来标注不平行于 *X* 轴或 *Y* 轴的具有一定斜度的对象的实际尺寸，如图 6-28 所示。

（2）命令执行方式

① 在快速访问工具栏选择"显示菜单栏"命令，在弹出的菜单中选择"标注"|"对齐"命令（dimaligned）。

② 在"功能区"选项板中选择"注释"选项卡，在"标注"面板中单击"对齐"按钮。

（3）操作过程

```
命令: _dimaligned
指定第一条延伸线原点或 <选择对象>:
指定第二条延伸线原点:
指定尺寸线位置或[多行文字(M)/文字(T)/角度(A)]:
标注文字 = 50.00
```

标注结果如图 6-28 所示。

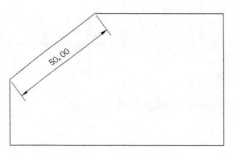

图 6-28　对齐尺寸标注

6.3.2　角度型尺寸标注

可以标注圆和圆弧的角度、两条直线间的角度或三点间的角度，如图 6-29 所示。

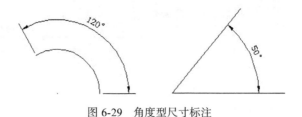

图 6-29　角度型尺寸标注

1. 命令执行方式

① 在快速访问工具栏选择【显示菜单栏】命令，在弹出的菜单中选择【标注】|【角度】命令（dimangular）。

② 在【功能区】选项板中选择【注释】选项卡，在【标注】面板中单击【角度】按钮。

2. 操作过程

```
命令: _ dimangular
选择圆弧、圆、直线或 <指定顶点>:
选择第二条直线:
指定标注弧线位置或 [多行文字(M)/文字(T)/角度(A)/象限点(Q)]:
标注文字 = 50.00
```

选项说明如下。

① 圆弧：用来标注圆弧的圆心角。当用户选择一段圆弧后，系统提示如下。

指定标注弧线位置或 [多行文字(M)/文字(T)/角度(A)/象限点(Q)]：（确定尺寸线的位置或选择某一项）

再次提示下确定尺寸线的位置，系统按照测量的值标注出角度。执行之前可以选择"多行文字(M)/文字(T)/角度(A)/象限点(Q)"项，来进行多行文字编辑，设置尺寸文本等操作。

② 圆：用来标注圆上某段弧的中心角，如图 6-30 所示。

当选取圆上一点（A 点）选择该圆后，该点便为第一点，系统提示选择第二点：

指定角的第二个端点：　　　　　　　　　　（选取第二点（B 点），该点可以在圆上，也可以不在圆上）

指定标注弧线位置或 [多行文字(M)/文字(T)/角度(A)/象限点(Q)]：

标注文字 = 90.52

③ 直线：用来标注两条直线间的夹角，如图 6-30 所示。

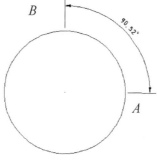

图 6-30　中心角标注

当用户选取第一条直线后，系统提示选取另一条直线：

选择第二条直线：

指定标注弧线位置或 [多行文字(M)/文字(T)/角度(A)/象限点(Q)]：

标注文字 = 50.00

④ 指定顶点。直接按 Enten 键，系统提示如下。

指定角的顶点：　　　　　　　　　　　　　（指定一点为角的顶点）

指定角的第一个端点：　　　　　　　　　　（指定角的第一个端点）

指定角的第二个端点：　　　　　　　　　　（指定角的第二个端点）

指定标注弧线位置或 [多行文字(M)/文字(T)/角度(A)/象限点(Q)]：

标注文字 = 50.00

6.3.3　坐　标　标　注

1．功能

用来标注相对于原点（基准点）的图形中任意点的 X、Y 坐标，如图 6-31 所示。

2．命令执行方式

① 在快速访问工具栏选择"显示菜单栏"命令，在弹出的菜单中选择"标注"|"坐标"命令（dimordinate）。

② 在"功能区"选项板中选择"注释"选项卡，在"标注"面板中单击"坐标"按钮。

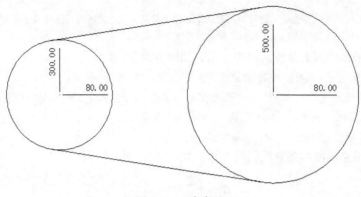

图 6-31　坐标标注

3.　操作过程

```
命令：_dimordinate
指定点坐标：
指定引线端点或 [X 基准(X)/Y 基准(Y)/多行文字(M)/文字(T)/角度(A)]：
标注文字 = 300.00
```

选项说明如下。

① 指定引线端子：用来 引线的端点位置，为默认选项。指定端点后，系统在该点标注出点的坐标；系统将标注文字与坐标引线对齐显示，即自动地沿 X 或 Y 轴放置标注文字和引出线。对于 X 坐标值的引线垂直于 X 轴，对于 Y 轴的引线垂直于 Y 轴绘出。系统根据用户指定的引线端子的位置来确定标注时 X 还是 Y 坐标。

② X 坐标（X）：该选项将标注类型固定为 X 坐标标注。

③ Y 坐标（Y）：该选项将标注类型固定为 Y 坐标标注。

④ 多行文字（M）、文字（T）、角度（A）：功能同线性标注中对应的选项。

6.3.4　基线/连续尺寸标注

1.　基线标注

（1）功能

用来标注有一个共同基准的线性尺寸或角度尺寸。前提是必须要先创建一个长度性、坐标性、角度型的尺寸标注作为基准标注，如图 6-32 所示。

（2）命令执行方式

① 在快速访问工具栏选择【显示菜单栏】命令，在弹出的菜单中选择【标注】|【基线】命令（dimbaseline）。

② 在【功能区】选项板中选择【注释】选项卡，在【标注】面板中单击【基线】按钮。

（3）操作过程

```
命令：_dimbaseline
```

选择基准标注：
指定第二条延伸线原点或 [放弃(U)/选择(S)] <选择>：
标注文字 = 30.00
指定第二条延伸线原点或 [放弃(U)/选择(S)] <选择>：
标注文字 = 60.00
指定第二条延伸线原点或 [放弃(U)/选择(S)] <选择>：

选项说明如下。

① 选择（S）：选择基准标注并将靠近选择点的尺寸界线作为基准。

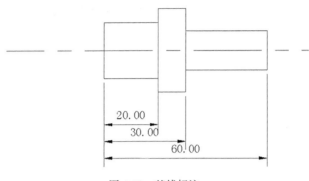

图 6-32 基线标注

② 指定第二条尺寸界线原点：一同意基准标注来标注多个基线型标注。

③ 放弃（U）：取消前一个创建的基准标注。

2. 连续标注

（1）功能

用来标注在同一方向上连续的线性尺寸或角度尺寸。前提是必须要先创建一个长度性、角度型的尺寸标注作为基准标注，如图 6-33 所示。

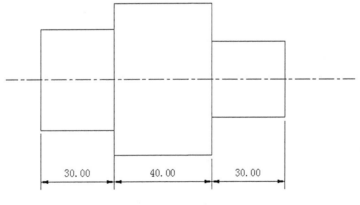

图 6-33 连续标注

（2）命令执行方式

① 在快速访问工具栏选择"显示菜单栏"命令，在弹出的菜单中选择"标注"|"连续"命令（_dimcontinue）。

② 在"功能区"选项板中选择"注释"选项卡，在"标注"面板中单击"连续"按钮。

（3）操作过程

```
命令：__dimcontinue
指定第二条延伸线原点或 [放弃(U)/选择(S)] <选择>：
标注文字 = 40.00
指定第二条延伸线原点或 [放弃(U)/选择(S)] <选择>：
标注文字 = 30.00
```

6.3.5　直径/半径尺寸标注

1．直径标注

（1）功能

用来标注圆或圆弧的直径值，如图 6-34 所示。

（2）命令执行方式

① 在快速访问工具栏选择"显示菜单栏"命令，在弹出的菜单中选择"标注"|"直径"命令（dimdiameter）。

② 在"功能区"选项板中选择"注释"选项卡，在"标注"面板中单击"直径"按钮。

（3）操作过程

```
命令：_dimdiameter
选择圆弧或圆：
标注文字 = 40.00
指定尺寸线位置或 [多行文字(M)/文字(T)/角度(A)]：
```

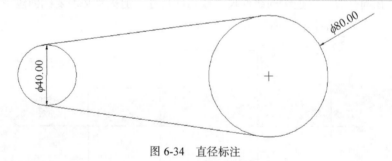

图 6-34　直径标注

2．半径标注

（1）功能

用来标注圆或圆弧的半径值，如图 6-35 所示。

（2）命令执行方式

① 在快速访问工具栏选择"显示菜单栏"命令，在弹出的菜单中选择"标注"|"半径"命令（dimradius）。

② 在"功能区"选项板中选择"注释"选项卡，在"标注"面板中单击"半径"按钮。

（3）操作过程

```
命令：_dimradius
选择圆弧或圆：
标注文字 = 20.00
指定尺寸线位置或 [多行文字(M)/文字(T)/角度(A)]：
```

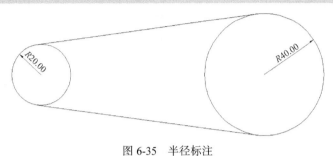

图 6-35　半径标注

6.3.6　多重引线标注

1.　功能

用来进行引出标注。

2.　命令执行方式

① 在快速访问工具栏选择"显示菜单栏"命令，在弹出的菜单中选择"标注"|"多重引线"命令（MLEADER）。

② 在"功能区"选项板中选择"注释"选项卡，在"多重引线"面板中单击"多重引线"按钮。

3.　操作过程

```
命令：_mleader
指定引线箭头的位置或 [引线基线优先(L)/内容优先(C)/选项(O)] <选项>：
指定引线基线的位置：
```

【例6-2】标注如图 6-36 所示的引线标注。

分析：首先进行多重样式管理器的设置，如图 6-37 所示。

在"多重样式管理器"对话框中进行设置如下。

① 在引线格式选项卡中设置，类型为直线，符号为实心闭合。

② 在引线结构选项卡中设置，最大引线点数为 2，基线距离为 8mm。

③ 在内容选项卡中设置，多重引线类型为多行文字。

```
命令：_mleader
指定引线箭头的位置或 [引线基线优先(L)/内容优先(C)/选项(O)] <选项>：　　（选择图中的圆弧的圆心）
指定引线基线的位置：　　　　　　　　　　　　　　　（选择图中的 P 点）
```

完成如图 6-36 的引线标注。

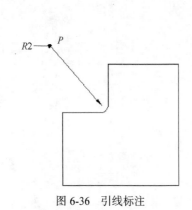

图 6-36　引线标注

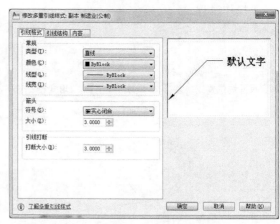

图 6-37　"多重样式管理器"对话框

6.3.7　快 速 标 注

1. 功能

可以快速创建一系列标注，特别适合于基线标注、连续标注。

2. 命令执行方式

在快速访问工具栏选择"显示菜单栏"命令，在弹出的菜单中选择"标注"|"快速标注"命令（qdim）。

3. 操作过程

```
命令：_qdim
关联标注优先级 = 端点                                    （选择要标注的几何图形）
选择要标注的几何图形：找到 1 个↙
指定尺寸线位置或 ［连续（C）/并列（S）/基线（B）/坐标（O）/半径（R）/直径（D）/基准点（P）/编辑（E）/设置
（T）］ <连续>：（选择需要放置的位置）
```

选项说明如下。

① 连续（C）：用来标注一系列连续标注的尺寸。

② 并列（S）：用来标注一系列交错尺寸。

③ 基线（B）：用来标注一系列基线标注尺寸。

④ 坐标（O）：用来标注一系列坐标标注尺寸。

⑤ 半径（R）：用来标注一系列半径标注尺寸。

⑥ 直径（D）：用来标注一系列直径标注尺寸。

⑦ 基准点（P）：为基线和坐标标注设置新的基准点。

⑧ 编辑（E）：编辑一系列标注尺寸。

⑨ 设置（T）：关联标注的优先级设置。

6.4 公差标注

形位公差显示了特征的形状、轮廓、方向、位置和跳动的偏差。在 AutoCAD 中，通过特征控制框来显示标注的所有公差信息。

6.4.1　不带引线的形位公差标注

1. 命令功能

标注不带引线的形位公差。

2. 命令执行方式

在快速访问工具栏选择"显示菜单栏"命令，在弹出的菜单中选择"标注"|"公差"命令（tolerance）；系统弹出形位公差设置对话框，如图 6-38 所示。

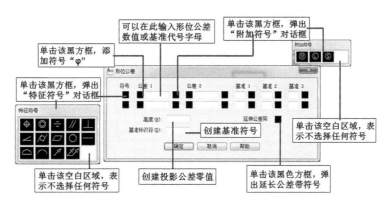

图 6-38　形位公差设置

3. 操作过程

```
命令：_tolerance
```

然后进行如图 6-39 所示的设置，完成如图 6-40 所示的无引线的形位公差的标注。

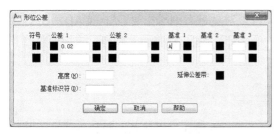

图 6-39　形位公差的设置　　　　　　　　图 6-40　形位公差标注

6.4.2 带引线的形位公差标注

1．命令功能

标注带引线的形位公差。

2．操作过程

① 标注引线：选择"标注"|"多重引线"菜单，绘制一条指向右侧边的多重引线，在打开的"文字"格式工具栏中直接单击"确定"按钮，不输入任何内容。

② 标注公差：选择"标注"|"公差"菜单，打开"形位公差"对话框。在该对话框中设置形位公差的符号、值、基准，如图 6-41 所示。

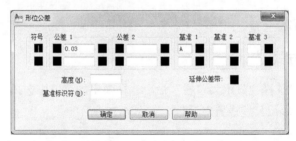

图 6-41　标注公差

③ 单击"确定"按钮，然后将形位公差控制框移至引线的尾部，则标注结果如图 6-42 所示。

图 6-42　公差标注结果

6.5 编辑尺寸标注

在完成图形的尺寸标注以后，根据需要可以对其进行编辑修改。AutoCAD2010 提供了多种编辑标注的方式，除了可以使用"标注样式管理器"，还可以通过"特性"管理器以及其他编辑命令来编辑修改标注。

1．调整标注间距

可以自动调整图形中现有的平行线性标注和角度标注，以使其间距相等或在尺寸线处相互对齐。

操作过程如下。

```
命令: _DIMSPACE
选择基准标注:
选择要产生间距的标注:找到 1 个↙
输入值或 [自动(A)] <自动>:↙
```

完成如图 6-43 的图形标注。

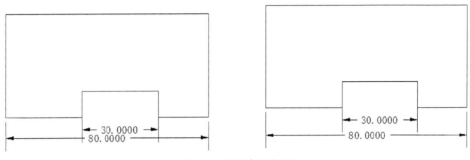

图 6-43　调整标注间距

2. 修改标注尺寸

在创建标注以后，根据需要可以对现有的标注文字的位置和方向或以新文字内容替换。可以利用夹点功能将标注文字沿尺寸线移动到左、右、中心或尺寸线之内及之外的任意地方。

（1）旋转标注文字

可以将标注文字按照一定角度进行旋转。利用"标注"|"对齐文字"|"角度"。

操作过程如下。

```
命令: _dimtedit
选择标注:↙                          （选择需要更改的文字标注）
为标注文字指定新位置或 [左对齐(L)/右对齐(R)/居中(C)/默认(H)/角度(A)]: _a
指定标注文字的角度: 45
```

完成如图 6-44 所示的文字标注。

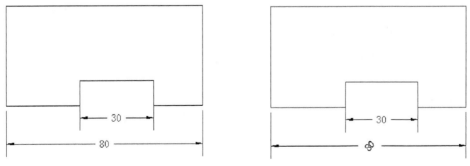

图 6-44　旋转标注文字

（2）移动标注文字

利用夹点功能可以将标注文字沿尺寸线移动到左侧、右侧、中心或尺寸延伸线之内、之外的任何位置，如图 6-45 所示。

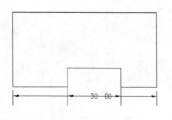 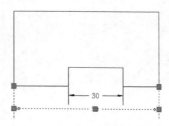 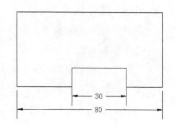

图 6-45　利用夹点移动标注文字

（3）替换标注文字

在绘图过程中，可能会遇到实测尺寸与实际尺寸不一致的情况，此时可以利用 AutoCAD 2010 提供的"快捷特性"工具替换标注对象的文字。或者单击"修改"｜"对象"｜"文字"｜"编辑"命令，在选择完对象以后会弹出"文字格式"编辑器，在此处对标注文字进行替换，如图 6-46 所示。

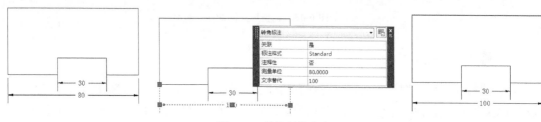

图 6-46　替换标注文字

6.6 尺寸标注综合应用

图样上的视图只能表示物体的形状，物体各部分的真实大小及相对位置则要靠尺寸标注来确定。尺寸也可以配合图形来说明物体的形状。图样上标注尺寸要做到以下几点。

① 尺寸标注要符合国家标准的规定。

② 尺寸标注必须齐全、不遗漏、不重复。

③ 尺寸的布局要整齐、清晰，便于检查、查看。

④ 标注既能保证设计要求，又使加工、装配、测量方便。

因此标注的正确、合理、规范、清晰至关重要，在此结合具体实例进行说明。

【例 6-3】标注如图 6-47 所示的轴的图形。

在样式中做以下设置。

① 基线间距为 6。

② 超出尺寸线为 3。

③ 起点偏移量为 1.5。

④ 箭头大小为 3。

⑤ 文字高度为 3；文字位置从尺寸线偏移 2。

⑥ 主单位精度 0.00，比例因子为 1。

图 6-47　例 6-3 题图

操作步骤如下。

（1）标注尺寸 48

选取"标注"|"线性命令"，出现下列提示。

```
命令：_dimlinear
指定第一条延伸线原点或 <选择对象>：                    （选取 A 点）
指定第二条延伸线原点：                               （选取 B 点）
指定尺寸线位置或
[多行文字(M)/文字(T)/角度(A)/水平(H)/垂直(V)/旋转(R)]：
标注文字 = 48.00
```

同理标出尺寸 60、24、225、4。

（2）基线标注（以尺寸 48、60 为基准）

```
命令：_dimbaseline
指定第二条延伸线原点或 [放弃(U)/选择(S)] <选择>：
标注文字 = 73.00
指定第二条延伸线原点或 [放弃(U)/选择(S)] <选择>：
标注文字 = 90.00

命令：_dimbaseline
指定第二条延伸线原点或 [放弃(U)/选择(S)] <选择>：s
选择基准标注：
指定第二条延伸线原点或 [放弃(U)/选择(S)] <选择>：
标注文字 = 80.00
指定第二条延伸线原点或 [放弃(U)/选择(S)] <选择>：
标注文字 = 107.00
```

（3）连续标注（以尺寸 24 为基准）

```
命令：_dimcontinue
指定第二条延伸线原点或 [放弃(U)/选择(S)] <选择>：s
选择连续标注：
指定第二条延伸线原点或 [放弃(U)/选择(S)] <选择>：
标注文字 = 17.00
```

（4）标注直径

```
命令：_dimlinear
指定第一条延伸线原点或 <选择对象>：
指定第二条延伸线原点：
指定尺寸线位置或
[多行文字(M)/文字(T)/角度(A)/水平(H)/垂直(V)/旋转(R)]：
```

标注文字 = 20.00

修改文字编辑，双击该尺寸 20，系统弹出如图 6-48 所示的对话框。用%%C20h6 来替代，如图 6-49 所示。

依次完成ϕ25k6、ϕ25k6、ϕ20h6。

图 6-48 "转角标注"对话框

图 6-49 修改文字编辑

（5）标注形位公差

```
命令: _mleader
指定引线箭头的位置或 [引线基线优先(L)/内容优先(C)/选项(O)] <选项>:
指定引线基线的位置:
命令: _tolerance
```

完成如图 6-50 所示的内容。

输入公差位置:

依次完成公差值的标注。

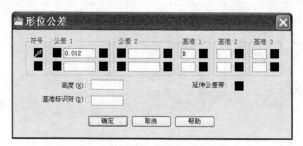

图 6-50 "形位公差"对话框

完成如图 6-51 所示的图形标注。

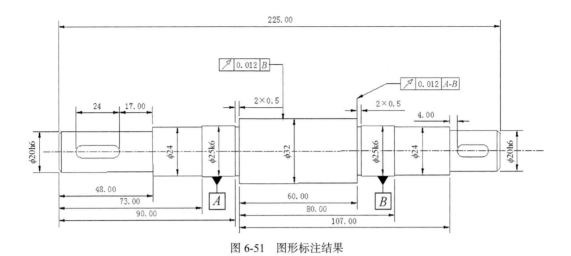

图 6-51　图形标注结果

【例 6-4】 标注如图 6-52 所示的图形。

标注时，要创建新尺寸样式，做如下设置。

① 基线间距为 6。

② 超出尺寸线为 3。

③ 起点偏移量为 1.5。

④ 箭头大小为 3。

⑤ 文字高度为 3；文字位置从尺寸线偏移 2。

⑥ 主单位精度 0.00，比例因子为 1；角度标注的单位格式是
十进制度数，精度为 0.00。

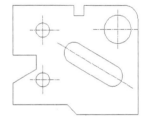

图 6-52　例 6-4 题图

操作步骤如下。

（1）线性标注（标注尺寸 90）

```
命令：_dimlinear
指定第一条延伸线原点或 <选择对象>：
指定第二条延伸线原点：
指定尺寸线位置或
[多行文字(M)/文字(T)/角度(A)/水平(H)/垂直(V)/旋转(R)]：
标注文字 = 90.00
```

接着依次完成尺寸 30、90、20、70、35、44、35、55、120 尺寸的标注。

（2）对齐标注（标注尺寸 40）

```
命令：_dimaligned
指定第一条延伸线原点或 <选择对象>：
指定第二条延伸线原点：
指定尺寸线位置或
[多行文字(M)/文字(T)/角度(A)]：
标注文字 = 40.00
```

接着完成尺寸 70 的对齐标注。

（3）基线标注

```
选择尺寸 90 为基准进行标注。
```

命令: _dimbaseline
指定第二条延伸线原点或 [放弃(U)/选择(S)] <选择>: s
选择基准标注:
指定第二条延伸线原点或 [放弃(U)/选择(S)] <选择>:
标注文字 = 105.00
指定第二条延伸线原点或 [放弃(U)/选择(S)] <选择>:
标注文字 = 185.00

（4）连续标注

以尺寸 90 为基准进行连续标注。

命令: _dimcontinue
指定第二条延伸线原点或 [放弃(U)/选择(S)] <选择>:
标注文字 = 15.00
指定第二条延伸线原点或 [放弃(U)/选择(S)] <选择>:
标注文字 = 80.00

（5）直径、半径标注

命令: _dimdiameter
选择圆弧或圆:
标注文字 = 20.00
指定尺寸线位置或 [多行文字(M)/文字(T)/角度(A)]:

编辑该尺寸文本，如图 6-53 所示。

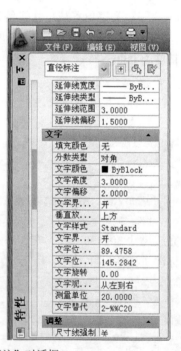

图 6-53 "直径标注"对话框

接着完成 $\phi20$、$\phi40$、$R15$ 等圆的标注。

参照以上实例，自行完成如图 6-54 所示的标注。

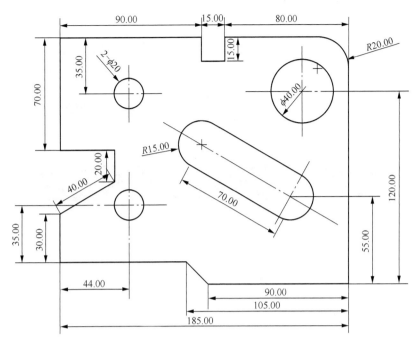

图 6-54 平面图形

第7章

图块

【学习目标】

通过本章的学习，掌握创建块、插入块以及对块操作，定义块的属性等各种知识，为提高绘图效率打下良好的基础。

【本章重点】

掌握图块的创建、保存、插入方法及图块属性的定义方法。

掌握图块的编辑方法。

【本章难点】

创建带属性图块及创建动态块的方法。

7.1

图块的创建

7.1.1 图块的概念

图块也叫块，在工程绘图过程中，图块是一个或多个对象形成的对象集合，常用于绘制复杂、重复的图形。图块是一个整体的图形单元，可作为独立、完整的对象操作，避免重复绘制同一对象或同一组对象。当需要这些对象集合时，可以根据作图需要将图块插入到图中任意指定位置，而且还可以按不同的比例和旋转角度插入。

块可用 BLOCK 命令建立，也可以用 WBLOCK 命令建立。两者之间的主要区别一是"写块（WBLOCK）"可被插入到任何其他图形文件中，二是"块（BLOCK）"，只能插入到建立它的图形文件中。

AutoCAD 的另一个特征是除了将块作为一个符号插入外，还可以作为外部参照图形。这意味着参照图形的内容并未加入当前图形文件中，尽管在屏幕上它们成为图形的一部分。如果块的定义改变了，所有在图中对于块的参照都将更新，以体现块的变化。

7.1.2　图块的优点

在 AutoCAD 中使用块主要有以下优点。

1. 避免重复绘制同样的特征

图形经常有一些重复的特征，可建立一个有该特征的块，并将其插入到任何所需的地方，从而避免重复绘制同样的特征。这种工作方式有助于减少制图时间，并可以提高工作效率。

2. 便于创建图块库

在绘图过程中，有很多图形对象是经常要使用的，如各种规格的螺纹紧固件、表面粗糙度符号、滚动轴承等。如果将这些经常使用的图形定义成图块，并保存起来，就形成了一个图块库。当绘图时需要某个图块，将其调出插入图中即可，从而避免了大量重复的工作，大大提高了绘图效率。

3. 节省存储空间

因为图块是一个整体图形单元，所以每次插入时，AutoCAD 只需保存该图块的特征系数（如图块名、插入点坐标、缩放比例、旋转角度等），而不需保存该图块中每一个实体的特征参数（如图层、位置坐标、线型和颜色等）。特别是绘制较复杂的图形时，利用图块可节省大量的磁盘空间。

4. 方便修改

如果对象的规范改变了，图形就需要修改。如果需要查出每一个发生变化的点，然后单独编辑这些点，那将是一件很繁重的工作。但如果该对象被定义为一个块，就可以重新定义块，无论块出现在哪里，都将自动更正。

5. 可定义不同属性值

属性（文本信息）可以包含在块中。在每一个块的插入时，可定义不同的属性值。

7.1.3　创建内部块

要创建一个新图块，首先要绘制组成图块的实体，然后用创建块的命令完成块的创建。

启用"创建块"命令，可以使用下列几种方法之一。

① 命令行：BLOCK 或 BMAKE 或 B。

② 菜单栏："绘图"|"块"|"创建"。

③ 功能区："常用"选项卡|"块"面板|"创建块"按钮。

④ 功能区："插入"选项卡|"块"面板|"创建块"按钮。

⑤ 工具栏："绘图"|"创建块"按钮。

操作步骤如下。

命令：_block

用上述方法之一启动命令后，AutoCAD 会弹出如图 7-1 所示的"块定义"对话框。利用该对话框可定义图块并为之命名。

图 7-1 "块定义"对话框

选项说明如下。

1．"名称"列表框

在此下拉列表框中输入新建图块的名称，最多可使用 255 个字符。单击下拉箭头，打开列表框，该列表中显示了当前图形的所有块。

2．"基点"选项组

确定图块的基点，默认值是（0，0，0）。也可以在下面的 X、Y、Z 文本框中输入块的基点坐标值。单击"拾取点"按钮，AutoCAD 临时切换到作图屏幕，用十字光标直接在作图屏幕上拾取。理论上，用户可以任意选取一点作为插入点，但实际的操作中建议用户选取实体的特征点作为插入点，如中心点、右下角等。返回"块定义"对话框，把所拾取的点作为图块的基点。

3．"对象"选项组

该选项组用于选择创建图块的对象以及对象的相关属性。

单击"选择对象"按钮，AutoCAD 切换到绘图窗口，用户在绘图区中选择构成图块的图形对象。单击"快速选择"按钮，打开"快速选择"对话框。用户可通过该对话框进行快速过滤，选择满足一定条件的对象。在该设置区中还有如下几个单选按钮：保留、切换为块和删除。它们的含义如下。

① 保留：选择"保留"选项，则在用户创建完图块后，AutoCAD 将继续保留这些构成图块的对象，并将它们当作一个普通的单独对象来对待。

② 转换为块：选择"转换为块"选项，则在用户创建完图块后，AutoCAD 将所有构成图块的对象转换为块。

③ 删除：选择"删除"选项，则在用户创建完图块后，AutoCAD 将删除所有构成图块的

对象。

4. "方式" 选项组

在该设置区有如下几个复选框：注释性、按统一比例缩放和允许分解。它们的含义如下。

① 注释性： 选中"注释性"复选框可以指定块为注释性，此时可选中"使块方向与布局匹配"复选框指定在图纸空间视口中的块参考的方向与布局的方向匹配。

② 按统一比例缩放：选中"按统一比例缩放"复选框，设置块参照按同一比例缩放。

③ 允许分解：选中"允许分解"复选框，指定块参照可以被分解。

5. "设置" 选项组

设置图块的单位。单击"超链接"按钮，则将图块超链接到其他对象。

6. "说明" 文本框

用户可以在说明下面的输入框中详细描述所定义图块的资料。

7. "在块编辑器中打开" 复选框

选中该复选框，则将块设置为动态块，并在块编辑器中打开。

提示：图块的名称必须符合命名规则，不能与已有的图块名相同；用 BLOCK 或 BMAKE 创建的块只能在创建它的图形中应用，而不不能被其他的图形引用，因此称为"内部块"。

【例 7-1】将图 7-2 所示的螺栓 GB/T 5780—2000 M16×80 创建为内部块。

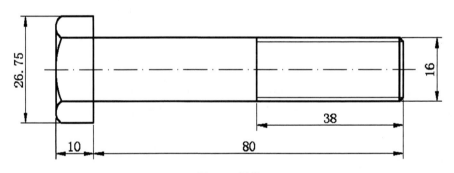

图 7-2　螺栓

操作步骤如下。

① 绘制如图 7-2 所示螺栓图形。

② 点击工具栏："绘图"|"创建块"按钮，弹出"块定义"对话框。

③ 在"名称"下拉列表框中输入块的名称"螺栓 M16×80"。

④ 在"基点"选项组点击"拾取点"按钮，"块定义"对话框暂时消失，用鼠标在绘图区域捕捉螺栓左端中点作为基点，返回"块定义"对话框。

⑤ 在"对象"选项组点击"选择对象"按钮，"块定义"对话框暂时消失，用鼠标在绘图区域选择螺栓，返回"块定义"对话框，其他设置参考图 7-3 所示内容。

⑥ 设置完成后单击"确定"按钮，关闭"块定义"对话框。

图 7-3　创建螺栓为内部块对话框

7.1.4　创建外部块

用 BLOCK 命令定义的块是内部块只能在同一张图形中使用，而不能插入到其他的图中，但是有些图块在许多图中要经常用到，这时可以用 WBLOCK 命令把图块作为一个独立图形文件写入磁盘，用户需要时可以调用到别的图形中，所以用 WBLOCK 命令创建的块称为"外部块"。通过创建"外部块"可以建立图形符号库，供所有相关的设计人员使用。这既节约了时间和资源，又可保证符号的统一和标准性。

创建外部块的方法如下。

命令行：WBLOCK 或 W。

操作步骤如下。

命令: wblock

在命令行输入 wblock 命令后按 Enter 键，AutoCAD 会弹出如图 7-4 所示的"写块"对话框。利用该对话框可把图形对象保存为外部块或把内部块转变成外部块。

选项说明如下。

1."源"选项组

确定要保存为图形文件的图块或图形对象

① 单击"块"单选按钮右侧的下三角按钮，在下拉列表框中选择一个图块，将其保存为外部块。保存外部块的基点与原块的基点相同。

② 单击"整个图形"单选按钮，则把当前的整个图形保存为外部块，块的基点为坐标原点。

③ 单击"对象"单选按钮，则把不属于图块的图形对象保存为外部块。此时下面的"基点"栏和"对象"栏可以使用，其含义及使用方法与"块定义"对话框中的对应选项相同。

2."目标"选项组

① 文件名和路径：设置保存块的文件名及路径。

② 插入单位：设置保存块的插入单位。

图 7-4 "写块"对话框

提示：用户在执行 WBLOCK 命令时，不必先定义一个块，只要直接将所选图形实体作为一个图块保存在磁盘上即可。当所输入的块不存在时，AutoCAD 会显示"AutoCAD 提示信息"对话框，提示块不存在，是否要重新选择。在多视窗中，WBLOCK 命令只适用于当前窗口。

【例 7-2】将图 7-5 所示的螺母 GB/T 6170—2000 M16，垫圈 GB/T 97.1—2002 16 创建为外部块。

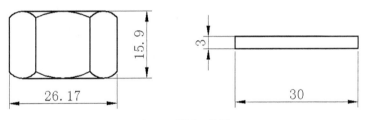

图 7-5 螺母、垫圈

操作步骤如下。

① 绘制如图 7-5 所示螺母图形。

② 利用 WBLOCK 或 W 命令打开"写块"对话框。

③ 在"基点"选项组点击"拾取点"按钮，"写块"对话框暂时消失，用鼠标在绘图区域捕捉螺母下端中点作为基点，返回"写块"对话框。

④ 在"对象"选项组点击"选择对象"按钮，"写块"对话框暂时消失，用鼠标在绘图区域选择螺母，返回"写块"对话框。

⑤ 在"目标"栏里设置图块保存的文件名和路径为 D:\My Documents\图块库\螺母 M16.dwg，其他设置参考图 7-6 所示内容。

⑥ 设置完成后单击"确定"按钮，关闭"写块"对话框。

⑦ 绘制如图 7-5 所示的垫圈图形。

⑧ 利用 WBLOCK 或 W 命令打开"写块"对话框。

图 7-6　创建螺母为外部块对话框

⑨ 在"基点"选项组点击"拾取点"按钮，"写块"对话框暂时消失，用鼠标在绘图区域捕捉垫圈下端中点作为基点，返回"写块"对话框。

⑩ 在"对象"选项组点击"选择对象"按钮，"写块"对话框暂时消失，用鼠标在绘图区域选择垫圈，返回"写块"对话框。

⑪ 在"目标"栏里设置图块保存的文件名和路径为 D:\My Documents\图块库\垫圈 16.dwg，其他设置参考图 7-7 所示内容。

⑫ 2.设置完成后单击"确定"按钮，关闭"写块"对话框。

图 7-7　创建垫圈为外部块对话框

【例 7-3】将例 7-1 中创建的名称为"螺栓 M16×80"的内部块定义为外部块。

操作步骤如下。

① 利用 WBLOCK 或 W 命令打开"写块"对话框。

② 在"源"选项组单击"块"单选按钮再点击右侧的下三角按钮，在下拉列表框中选择图块"螺栓 M16×80"。

③ 在"目标"栏里设置图块保存的文件名和路径为 D:\My Documents\图块库\螺栓 M16×

80.dwg，其他设置参考图 7-8 所示内容。

④ 设置完成后单击"确定"按钮，关闭"写块"对话框。

图 7-8　创建螺栓为外部块对话框

7.2

图块的调用

7.2.1　插入单一块

用户可以使用 INSERT 命令在当前图形或其他图形文件中插入块，无论块或所插入的图形多么复杂，AutoCAD 都将它们作为一个单独的对象，如果用户需编辑其中的单个图形元素，就必须分解图块或文件块。在插入块时，需确定以下几组特征参数，即要插入的块名、插入点的位置、插入的比例系数以及图块的旋转角度。

启动"插入"命令，可以使用下列几种方法之一。

① 命令行：INSERT。

② 菜单栏："插入" | "块"。

③ 功能区："常用"选项卡| "块"面板| "插入"按钮。

④ 功能区："插入"选项卡| "块"面板| "插入"按钮。

⑤ 工具栏："绘图" | "插入块"按钮。

操作步骤如下。

命令: _insert

用上述方法之一启动命令后，AutoCAD 会弹出如图 7-9 所示的"插入"对话框。利用该对话框可以指定要插入的块及插入位置。

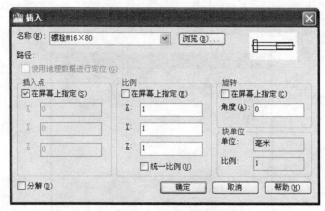

图 7-9 "插入"对话框

选项说明如下。

1. "名称" 列表框

该下拉列表列出了图样中的所有块，通过这个列表，用户选择要插入的块。如果需要插入在别的图形文件中定义的块或别的图形，就单击"浏览"按钮，然后选择要插入的文件。

2. "插入点" 选项组

用于确定图块插入图形中时在图形中插入点的位置。该选项组有两种方法决定插入点位置：选择"在屏幕上指定"复选框，则用户可在绘图区内用十字光标确定插入点。不选择"在屏幕上指定"复选框，用户可在 X、Y、Z 三个文本框中输入插入点的坐标。通常我们都是通过选择"在屏幕上指定"复选框来确定插入点。

3. "比例" 选项组

用于确定图块在 X、Y、Z 三个方向的缩放比例。该选项组有三种方法决定图块缩放比例：选择"在屏幕上指定"复选框，则用户可在命令行直接输入 X、Y、Z 三个方向的缩放比例系数。不选择："在屏幕上指定"复选框，则用户可在 X、Y、Z 文本框中直接输入 X、Y、Z 三个方向的缩放比例系数。选择"统一比例"复选框，表示 X、Y、Z 三个方向的缩放比例系数相同，此时用户可在 X 文本框中输入统一的缩放比例系数。

4. "旋转" 选项组

确定图块的旋转角度。选择"在屏幕上指定"复选框，则用户可在命令行直接输入图块的旋转角度。不选择"在屏幕上指定"复选框，则用户可在"角度"文本框中直接输入图块旋转角度的具体数值。

5. "块单位" 栏

用于设置块的单位和比例。

6. "分解"复选框

该复选框决定插入块时是作为单个对象还是分解成若干对象。如选中"分解"复选框,只能在 X 文本框中指定比例系数。

【例 7-4】利用插入块功能完成如图 7-10 所示的螺栓连接图。

操作步骤如下。

① 绘制如图 7-11 所示的被连接件图形。

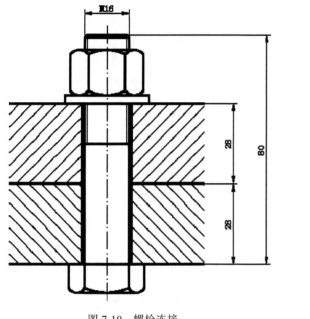

图 7-10　螺栓连接

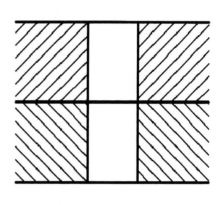

图 7-11　被连接件

② 单击"绘图"|"插入块"按钮启动"插入"对话框,在"名称"列表框选取"螺栓M16×80",在"旋转"选项组将角度设置成 90°。具体设置参考图 7-12 所示内容。单击"确定"按钮将螺栓插入到绘图区域,然后用"移动"命令将螺栓与被连接件对齐,绘图结果如图 7-13所示。

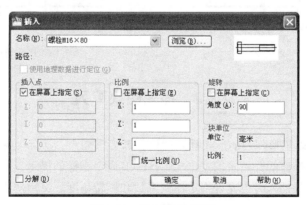

图 7-12　插入螺栓对话框

③ 单击"绘图"|"插入块"按钮启动"插入"对话框,在"名称"列表框选取"垫圈

16 "。单击"确定"按钮将垫圈插入到绘图区域，然后用"移动"命令将垫圈与被连接件对齐，绘图结果如图 7-14 所示。

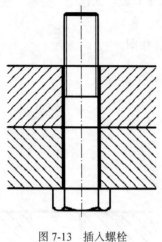

图 7-13　插入螺栓

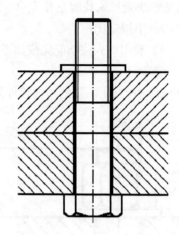

图 7-14　插入垫圈

④ 单击"绘图"｜"插入块"按钮 启动"插入"对话框，在"名称"列表框选取"螺母 M16"。单击"确定"按钮将螺母插入到绘图区域，然后用"移动"命令将螺母与被连接件对齐，绘图结果如图 7-15 所示。

⑤ 用"分解"命令打散图块，用"修剪"命令修剪图形，结果如图 7-16 所示。

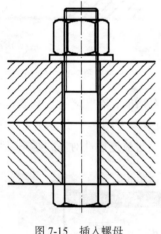

图 7-15　插入螺母

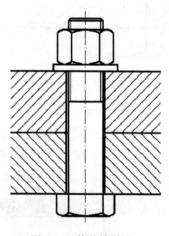

图 7-16　修剪结果图

7.2.2　插入图块阵列

MINSERT 命令以矩形阵列的形式插入图块，即多重插入，实际上是插入和阵列命令的一个组合命令。该命令操作的开始阶段发出与 INSERT 命令一样的提示，然后提示用户输入信号以构造一个阵列。而且插入时也允许指定比例系数和旋转角度。灵活使用该命令不仅可以大大节省绘图时间，还可以提高绘图速度，减少所占用的磁盘空间。

以矩形阵列的形式插入图块可以使用下面的方法。

命令行：MINSERT。

操作步骤如下。

```
命令: minsert
输入块名或 [?]:                                              （输入块名）
单位: 毫米   转换:   1.0000
指定插入点或 [基点(B)/比例(S)/X/Y/Z/旋转(R)]:   （指定插入点、缩放比例及旋转角度）
输入 X 比例因子, 指定对角点, 或 [角点(C)/XYZ(XYZ)] <1>:
输入 Y 比例因子或 <使用 X 比例因子>:
指定旋转角度 <0>:
输入行数 (---) <1>:                                         （输入阵列的行数）
输入列数 (||||) <1>:                                        （输入阵列的列数）
输入行间距或指定单位单元 (---):                              （输入阵列的行距）
指定列间距 (||||):                                          （输入阵列的列距）
```

【例 7-5】将图块"螺母 M16"以 4×4 阵列插入到绘图区域，行距为 20mm，列距为 35mm。

操作步骤如下。

```
命令: minsert ✓
输入块名或 [?]: 螺母M16 ✓                                   （输入块名"螺母 M16"）
单位: 毫米   转换:   1.0000
指定插入点或 [基点(B)/比例(S)/X/Y/Z/旋转(R)]:              （用鼠标在绘图区域拾取插入点）
输入 X 比例因子, 指定对角点, 或 [角点(C)/XYZ(XYZ)] <1>: ✓   （比例接受默认）
输入 Y 比例因子或 <使用 X 比例因子>: ✓                        （比例接受默认）
指定旋转角度 <0>: ✓                                          （旋转角度接受默认）
输入行数 (---) <1>: 4 ✓                                     （输入行数 4）
输入列数 (||||) <1>: 4 ✓                                    （输入列数 4）
输入行间距或指定单位单元 (---): 20 ✓                          （输入行距 20）
指定列间距 (||||): 35 ✓                                     （输入行距 35）
```

操作完成后结果如图 7-17（a）所示，如果将旋转角度设置为 45°，则结果如图 7-17（b）所示。

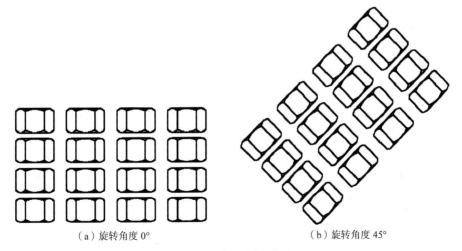

（a）旋转角度 0°   （b）旋转角度 45°

图 7-17 插入图块阵列

7.3 图块的编辑

7.3.1 图块的分解

分解命令可以将图块由一个整体分解为组成图块的原始图线，然后可以对这些图线执行任意的修改。

启动"分解"命令，可以使用下列几种方法之一。

① 命令行：EXPLODE。

② 菜单栏："修改"|"分解"。

③ 功能区："常用"选项卡|"修改"面板|"分解"按钮🖳。

④ 工具栏："修改"|"分解"按钮🖳。

启动"分解"命令后，在命令行提示下选择需要分解的图块，然后回车，图块就被分解成零散的图线，此时可对这些图线进行编辑。一次分解只能分解一级的图块，如果是嵌套块，还需要将嵌套进去的块进一步分解才能成为零散的图线。

提示：创建图块的时候如果不选择"允许分解"复选框，那么创建出来的图块是不能被分解的。

7.3.2 图块的重定义

对分解后的图块的编辑仅仅局限在当前被分解的图块上，图块库中的定义不会有任何变化。也就是说，如果再次插入这个图块，依旧是原来的样子。如果将分解后的图块修改后再重新定义成与原来同名的图块，则图块库中的定义将会被修改，再次插入这个块时，会变成重新定义好的图块。

重定义图块常用于批量修改一个图块，例如某个图块在图形中被插入了很多次，而且是插入到不同的位置和图层，但是现在发现这个图块不符合要求需要修改，如果一个个去修改工作量会非常大。这时可将重新绘制好的图形（可以将原来的图块分解后进行修改，也可以重新绘制图形）以相同的插入点和名称重新定义成图块，这样图形中全部同名的图块将会被替换为新的样式。

【例 7-6】利用图块重定义将图 7-18（a）中的开槽圆柱头螺栓头全部更改为图 7-18（b）中的六角螺栓头。开槽圆柱头螺栓头图块名称为"螺栓头 M16"，如图 7-18（c）所示。

操作步骤如下。

① 绘制如图 7-18（d）所示六角螺栓头图形。

② 单击工具栏："绘图"|"创建块"按钮🔩，弹出"块定义"对话框。

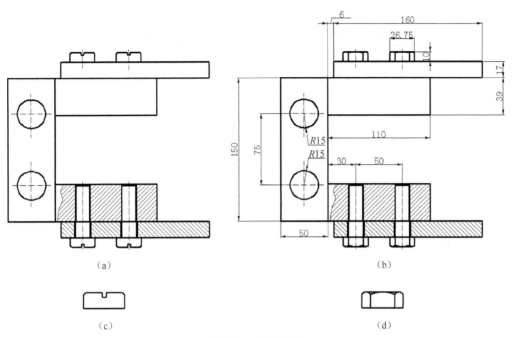

（a）   （b）

（c）   （d）

图 7-18   图块重定义

③ 在"名称"下拉列表框中选择"螺栓头 M16"。

④ 在"基点"选项组单击"拾取点"按钮，"块定义"对话框暂时消失，用鼠标在绘图区域捕捉六角螺栓头下端中点作为基点，返回"块定义"对话框。

⑤ 在"对象"选项组单击"选择对象"按钮，"块定义"对话框暂时消失，用鼠标在绘图区域选择六角螺栓头，返回"块定义"对话框，其他设置参考图 7-19。

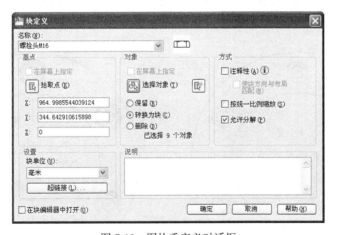

图 7-19   图块重定义对话框

⑥ 设置完成后单击"确定"按钮，关闭"块定义"对话框。此时 AutoCAD 会弹出一个名为"块-重新定义块"警告信息框，如图 7-20 所示，单击"重新定义块"按钮确定所做的操作。此时会发现图 7-18（a）中的开槽圆柱头螺栓头全部更改为图 7-18（b）中的六角螺栓头。

提示：进行图块的重新定义时，新块与旧块除了名称要相同，基点也一定要一致，否则会发现图块更新后位置会对不齐。另外，新块与旧块要定义在同一个图层上，这样图块插入到其他图层或改变了某些特性时，重定义的图块将保留这些更改过的特性。

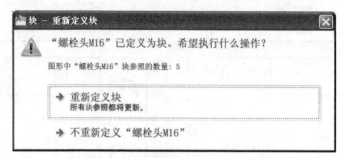

图 7-20 "块-重新定义块"警告信息框

7.3.3 图块的在位编辑

除了上面讲到的重定义方法，AutoCAD 还有一个"在位编辑"的工具可以用来直接修改图块库中的块定义。所谓在位编辑，就是在原来图形的位置上进行编辑，不必分解图块也不必考虑插入点的位置以及原始图块所在的图层。

启动"在位编辑"命令，可以使用下列几种方法之一。

① 命令行：REFEDIT。

② 菜单栏："工具"|"外部参照和块在位编辑"|"在位编辑参照"。

③ 功能区："插入"选项卡|"参照"面板|"编辑参照"按钮。

④ 工具栏："参照编辑"|"在位编辑参照"按钮。

⑤ 选择图块，在其右键菜单中选择"在位编辑块"命令。

【例 7-7】利用图块在位编辑将图 7-21（a）中的六角螺母全部更改为图 7-21（b）中加垫圈的六角螺母。其中螺母为 GB/T 6170—2000 M10，图块名称为"螺母 M10"，垫圈为 GB/T 97.1—2002 10。

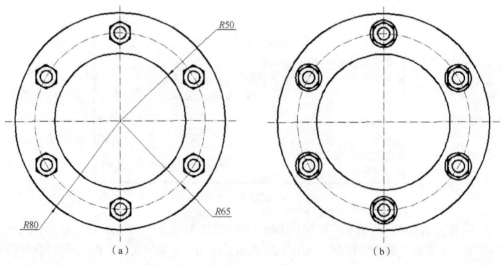

（a）   （b）

图 7-21 图块在位编辑

操作步骤如下。

① 选择图块"螺母 M10",单击鼠标右键,在右键菜单中选择"在位编辑块"命令,打开"参照编辑"对话框,如图 7-22 所示。这个对话框中显示出要编辑的图块的名称"螺母 M10"。

图 7-22　"参照编辑"对话框

② 单击确定按钮,此时 AutoCAD 会进入参照和块在位编辑状态如图 7-23 所示,除了当前正在编辑的图块以外,看不到其他插入的相同的图块。同时,功能区"插入"标签上会出现"编辑参照"面板。

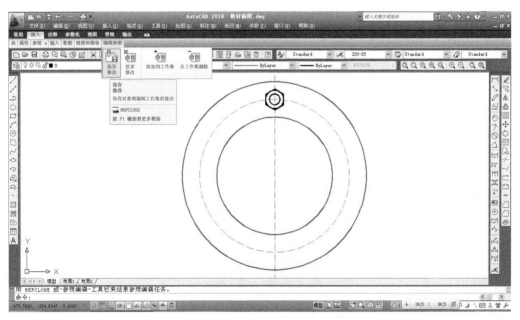

图 7-23　参照和块在位编辑状态

③ 在"绘图"工具栏点击"圆"命令,捕捉"螺母 M10"的中心为圆心绘制一个半径为 10 的圆表示垫圈。

④ 单击功能区"插入"标签上"编辑参照"面板"保存修改"按钮。这时 AutoCAD 会弹出图 7-24 所示的警告对话框,单击确定按钮,将修改保存到块的定义中,最后修改结果如图

7-21（b）所示。

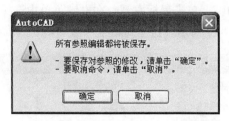

图 7-24 "参照和块在位编辑"警告对话框

通过上面的例题可以发现，在位编辑可以快速修改图块。一般来说，如果已经绘制好了一个可以替代图块的图形后，使用重新定义图块比较方便；如果仅仅是在块上做简单修改而没有一个可以替代块的图形时，使用在位编辑更方便一些。

7.3.4 利用对象特性窗口编辑图块

在设计时，有时需要修改已经插入图块的插入点、缩放比例、旋转角度等，利用对象特性窗口是一种方便、快捷的方法。

选中需要修改的图块，打开"特性"对话框，如图 7-25 所示。在此对话框中，可修改插入点坐标、缩放比例、图块的名称及旋转角度等参数。

图 7-25 "特性"对话框

打开"特性"对话框，可以使用下列几种方法之一。

① 命令行：DDMODIFY。

② 选择对象，按快捷键"Ctrl+1"。

③ 选择对象，在其右键菜单中选择"特性"命令。

④ 工具栏："标准"|"特性"按钮。

⑤ 菜单栏："修改"|"特性"。

7.4

图块的属性

在 AutoCAD 中，可以使块附带属性，属性类似于商品的标签，包含了图块所不能表达的其他各种文字信息，如材料、型号和制造者等，存储在属性中的信息一般称为属性值。当创建块时，将已定义的属性与图形一起定义成块，这样块中就包含属性了。

属性是块中的文本对象，它是块的一个组成部分。属性从属于块，当利用删除命令删除块时，属性也会被删除。属性有助于用户快速产生关于设计项目的信息报表，或者作为一些符号块的可变文字对象。属性也常用来预定义文本位置、内容或提供文本缺省值等，例如把标题栏中的一些文字项目定义成属性对象，就能方便地填写或修改。

若图块带有属性，则用户在图形文件中插入该图块时，可根据具体情况按属性为图块设置不同的文本信息。对那些在绘图中要经常用到的而且具有可变参数的图块来说，如果把可变参数定义为属性，就会使图块使用起来更加方便。例如在机械制图中，表面粗糙度值有 3.2、1.6、0.8 等，若在表面粗糙度符号的图块中将表面粗糙度值定义为属性，则在每次插入这种带有属性的表面粗糙度符号的图块时，AutoCAD 将会自动提示我们输入表面粗糙度的数值，这就大大拓展了该图块的通用性。

7.4.1 定义图块属性

启动"定义块属性"命令，可以使用下列几种方法之一。

① 命令行：ATTDEF。

② 菜单栏："绘图"|"块"|"定义属性"。

③ 功能区："常用"选项卡|"块"面板|"✎定义属性"按钮。

④ 功能区："插入"选项卡|"属性"面板|"✎定义属性"按钮。

操作步骤如下。

命令：_attdef

用上述方法之一启动命令后，AutoCAD 会弹出如图 7-26 所示的"属性定义"对话框。利用该对话框可以为图块定义属性。

选项说明如下。

1. "模式"选项组

① "不可见"复选框：选中此复选框则属性为不可见显示方式，即插入图块并输入属性值后，属性值在图中并不显示出来。

② "固定"复选框：选中此复选框则属性值为常量，即属性值在属性定义时给定，在插入图块时 AutoCAD 不再提示输入属性值。此时"验证"和"预设"复选框不可用。

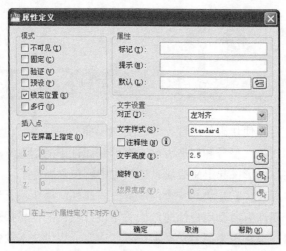

图 7-26 "属性定义"对话框

③"验证"复选框：选中此复选框，当插入图块时 AutoCAD 重新显示属性值，让用户验证该属性是否正确。

④"预设"复选框：选中此复选框，当插入图块时 AutoCAD 自动把事先设置好的默认值赋予属性，而不再提示输入属性值。

⑤"锁定位置"复选框：选中此复选框，将锁定块参照中属性的位置。

⑥"多行"复选框：选中此复选框，则设置属性的边界宽度，指定属性值可以包含多行文字，此时"属性"选项组中的"默认"文本框不可用。

2."属性"选择项组

①"标记"文本框：输入属性标签。属性标签可由除空格以外的所有字符组成，AutoCAD 自动把小写字母改为大写字母。

②"提示"文本框：输入属性提示，属性提示是指插入图块时 AutoCAD 要求输入属性值的提示，如果不在此文本框内输入文本，则以属性标签作为提示。如果在"模式"选项组选中"固定"复选框，即设置属性为常量，则不需设置属性提示。

③"默认"文本框：在此文本框中可以把使用次数较多的属性值设置为默认的属性值，也可以不设默认值。单击"默认"文本框右边的按钮，将弹出"字段"对话框，在该对话框中可以插入一个字段作为属性的全部或部分值。

3."插入点"选项组

确定属性文本的位置。可以在插入时由用户在图形中确定属于文本的位置，也可以在 X、Y、Z 文本框中直接输入属性文本的位置坐标。

4."文字设置"选项组

设置属性文本的对正方式、文字样式、字高和旋转角度。如果选中"注释性"复选框将指定属性为注释性，如果块是注释性的，则属性将与块的方向相匹配。"边界宽度"文本框用于设置在换行前多行文字属性中文字行的最大宽度。

5. "在上一个属性定义下对齐"复选框

选中此复选框，表示把属性标签直接放在前一个属性的下面，而且该属性继承前一个属性的文本样式、字高和旋转角度等特性。如果之前没有创建属性定义，则此复选框不可用。

提示：属性标记可以由字母、数字、字符等组成，但是字符之间不能有空格，且必须输入属性标记。

7.4.2 定义和使用带属性的图块

使用带属性的图块的操作过程如下。
① 先画好要定义成图块的图形。
② 进行属性定义。
③ 将属性和相应的图形一起定义成图块。
④ 插入带属性的图块，输入属性值。
⑤ 属性编辑。

【例7-8】将表面粗糙度符号定义成带属性的图块，并插入到如图7-27所示的图形中。

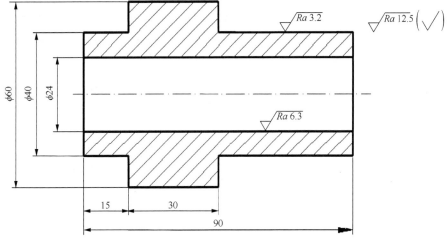

图7-27 "定义和使用带属性的图块"示例

操作步骤如下。
① 绘制表面粗糙度符号，如图7-28（a）所示。

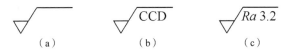

图7-28 表面粗糙度符号的绘制过程

② 通过菜单栏："绘图"|"块"|"定义属性"启动"属性定义"对话框，在"标记"文本框输入属性标签"ccd"，在"提示"文本框输入属性提示"粗糙度值"，在"默认"文本框输入默认值"3.2"，在"文字设置"选项组设置属性文本的对正方式为"正中"、文字样式为"样式1"，

其他设置参考图 7-29。单击"确定"按钮"属性定义"对话框消失，在绘图区域拾取图 7-28（a）上方中间为属性基点，结果如图 7-28（b）所示。

③ 单击工具栏："绘图"|"创建块"按钮，弹出"块定义"对话框。

④ 在"名称"下拉列表框中输入块的名称"粗糙度"。

⑤ 在"基点"选项组点击"拾取点"按钮，"块定义"对话框暂时消失，用鼠标在绘图区域捕捉图 7-28（b）最下面端点作为基点，返回"块定义"对话框。

⑥ 在"对象"选项组单击"选择对象"按钮，"块定义"对话框暂时消失，用鼠标在绘图区域选择图 7-28（b），返回"块定义"对话框，其他设置参考图 7-30。

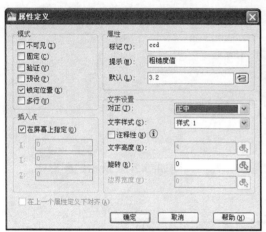

图 7-29 表面粗糙度符号"属性定义"对话框

图 7-30 创建带属性粗糙度符号图块对话框

⑦ 设置完成后单击"确定"按钮，关闭"块定义"对话框。这时系统弹出"编辑属性"对话框如图 7-31 所示，单击"确定"按钮完成表面粗糙度符号图块的定义，结果如图 7-28（c）所示。

⑧ 插入图块。在图 7-32 所示零件图上插入粗糙度符号。

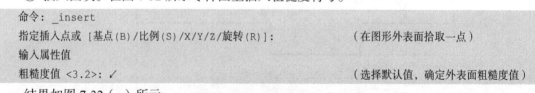

```
命令：_insert
指定插入点或 [基点(B)/比例(S)/X/Y/Z/旋转(R)]：          （在图形外表面拾取一点）
输入属性值
粗糙度值 <3.2>：✓                                      （选择默认值，确定外表面粗糙度值）
```

结果如图 7-32（a）所示。

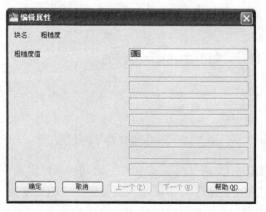

图 7-31 "编辑属性"对话框

```
命令: _insert
指定插入点或 [基点(B)/比例(S)/X/Y/Z/旋转(R)]:          (在图形内表面拾取一点)
输入属性值
粗糙度值 <3.2>: 6.3✓                    (更改属性值为6.3, 确定内表面粗糙度值)
```

结果如图 7-32（b）所示。

```
命令: _insert
指定插入点或 [基点(B)/比例(S)/X/Y/Z/旋转(R)]:          (在图形右上角拾取一点)
输入属性值
粗糙度值 <3.2>: 12.5✓                   (更改属性值为12.5, 确定其余粗糙度值)
```

结果如图 7-32（c）所示。

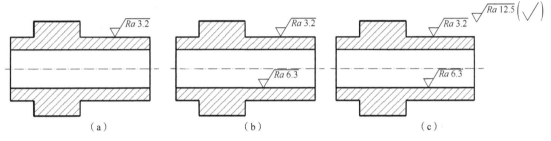

（a）   （b）   （c）

图 7-32　插入粗糙度符号后的结果图

7.5

属性的编辑

7.5.1　编辑属性定义

创建属性后，在属性定义与块相关联之前（即只定义了属性但没定义块时），用户可对属性进行编辑。

启动"编辑属性定义"命令，可以使用下列几种方法之一。

① 命令行：DDEDIT。

② 菜单栏："修改"|"对象"|"文字"|"编辑"。

③ 工具栏："文字"|"编辑"按钮**A**。

④ 快捷菜单：选择属性对象右击，在弹出的快捷菜单中选择"重复编辑"命令。

调用 DDEDIT 命令后，AutoCAD 提示"选择注释对象"，选取属性定义标记后，AutoCAD 弹出"编辑属性定义"对话框，如图 7-33 所示。在此对话框中用户可以修改属性定义的标记、提示及默认值。

此外，可以用 DDMODIFY 命令启动"特性"对话框，可修改属性定义的更多项目，方法如下。

① 命令行：DDMODIFY

② 选择对象，按快捷键"Ctrl+1"。

③ 选择对象，在其右键菜单中选择"特性"命令。

④ 工具栏："标准"｜"特性"按钮 ▦ 。

⑤ 菜单栏："修改"｜"▤特性"。

调用 DDMODIFY 命令后，AutoCAD 弹出"特性"对话框，如图 7-34 所示。

该对话框的"文字"区域列出了属性定义的标记、提示、默认值、文字和旋转角度等项目，用户可在此对话框进行修改。

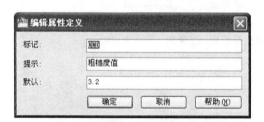

图 7-33 "编辑属性定义"对话框

图 7-34 "特性"对话框

7.5.2 编辑块属性

若属性已经被创建为块，则用户可用 EATTEDIT 命令编辑属性值及属性的其他特性。

启动"编辑块属性"命令，可以使用下列几种方法之一。

① 命令行：EATTEDIT。

② 菜单栏："修改"｜"对象"｜"属性"｜"单个"。

③ 工具栏："修改Ⅱ"｜"编辑属性"按钮 ✎。

④ 功能区："插入"选项卡|"属性"面板|"编辑属性 ✎"按钮。

执行上述操作以后，在绘图窗口中选择需要编辑的块对象，AutoCAD 弹出"增强属性编辑器"对话框，如图 7-35 所示。在此对话框中用户可对块属性进行编辑。"增强属性编辑器"对话框有三个选项卡，即"属性"选项卡、"文字选项"选项卡和"特性"选项卡，它们有如下功能。

1."属性"选项卡

在该选项卡中，AutoCAD 列出当前块对象中各个属性的标记、提示和值。选中某一属性，用户就可以在"值"框中修改属性的值。

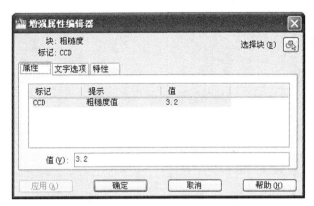

图 7-35 "增强属性编辑器"对话框

2. "文字选项"选项卡

该选项卡用于修改属性文字的一些特性，如文字样式、字高等。选项卡中各选项的含义与"文字样式"对话框中同名选项含义相同。

3. "特性"选项卡

在该选项中用户可以修改属性文字的图层、线型和颜色等。

7.5.3 块属性管理器

用户通过块属性管理器，可以有效地管理当前图形中所有块的属性，并能进行编辑。

启用"块属性管理器"可以使用下列方法之一。

① 命令行：BATTMAN。

② 菜单栏："修改" | "对象" | "属性" | "块属性管理器"。

③ 工具栏："修改Ⅱ" | "块属性管理器"按钮。

④ 功能区："常用"选项卡| "块"面板| "管理属性"按钮。

执行 BATTMAN 命令后，AutoCAD 弹出"块属性管理器"对话框，如图 7-36 所示。

图 7-36 "块属性管理器"对话框

选项说明如下。

1. "选择块" 按钮

通过此按钮选择要操作的块。单击该按钮，AutoCAD 切换到绘图窗口，并提示："选择块"，用户选择块后，AutoCAD 又返回 "块属性管理器" 对话框。

2. "块" 下拉列表

用户也可通过此下拉列表选择要操作的块。该列表显示当前图形中所有具有属性的图块名称。

3. "同步" 按钮

用户修改某一属性定义后，单击此按钮，更新所有块对象中的属性定义。

4. "上移" 按钮

在属性列表中选中一属性行，单击此按钮，则该属性行向上移动一行。

5. "下移" 按钮

在属性列表中选中一属性行，单击此按钮，则该属性行向下移动一行。

6. "删除" 按钮

删除属性列表中选中的属性定义。

7. "编辑" 按钮

单击此按钮，打开 "编辑属性" 对话框，该对话框有三个选项卡，即 "属性" 选项卡、"文字选项" 选项卡、"特性" 选项卡。这些选项卡的功能与 "增强属性管理器" 对话框中同名选项卡功能类似，这里不再讲述。

8. "设置" 按钮

单击此按钮，弹出如图 7-37 所示的 "块属性设置" 对话框。在该对话框中，用户可以设置在 "块属性管理器" 对话框的属性列表中显示哪些内容。

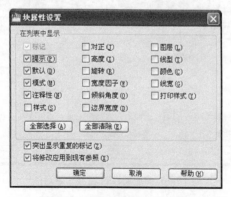

图 7-37 "块属性设置" 对话框

7.6 动 态 块

动态块是 AutoCAD2006 中新增的功能，在 AutoCAD2010 进一步得到加强，可以使用几何约束和标注约束来创建动态块。使用动态块功能，可以不创建许多外形类似而尺寸不同的图块，从而减少图块库中的块的数量，便于管理和控制。

当插入动态块以后，在块的指定位置会出现动态块的夹点，单击夹点可以改变块的特性，如块的位置、反转方向、宽度尺寸、高度尺寸、可视性、查询特性等，还可以在块中增加约束，如沿指定的方向移动等。从而用户可以根据需要通过自定义夹点或自定义特性来操作几何图形在位调整块参照。

7.6.1 动态块的创建

可以使用块编辑器创建动态块。块编辑器是一个专门的编写区域，用于添加能够使块成为动态块的元素。用户可以从头创建块，也可以向现有的块中添加动态行为。

启用"块编辑器"命令，可以使用下列几种方法之一。

① 命令行：BEDIT。

② 菜单："工具"|"块编辑器"。

③ 工具栏："标准"|"块编辑器"按钮 。

④ 快捷菜单：选择一个块参照，再单击鼠标右键，然后选择"块编辑器"命令。

⑤ 功能区："常用"选项卡|"块"面板|"编辑"按钮 。

执行 BEDIT 命令后，AutoCAD 弹出"编辑块定义"对话框，如图 7-38 所示。在"要创建或编辑的块"文本框中输入块名或在列表框中选择已定义的块，单击"确定"按钮后，系统打开"块编写选项板"和"块编辑器"选项卡，如图 7-39 所示。

图 7-38 "编辑块定义"对话框

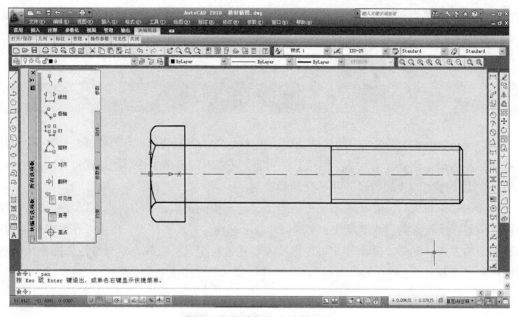

图 7-39　块编辑状态绘图平面

选项说明如下。

1. 块编写选项板

该选项板有四个选项卡，如图 7-40 所示。

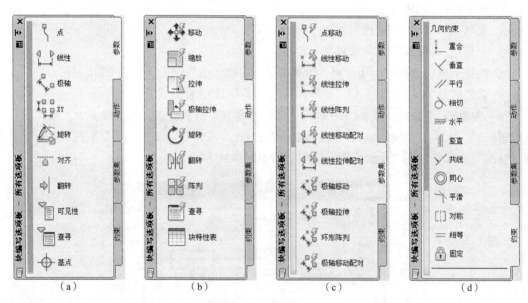

（a）　　　　　　　（b）　　　　　　　（c）　　　　　　　（d）

图 7-40　块编写选项板

（1）"参数"选项卡

如图 7-40（a）所示，该选项卡提供用于向块编辑器的动态块定义中添加参数的工具。参数用于指定几何图形在块参照中的位置、距离和角度等。将参数添加到动态块定义中时，该参数将定义块的一个或多个自定义特性。

（2）"动作"选项卡

如图 7-40（b）所示，该选项卡提供用于向块编辑器的动态块定义中添加动作的工具。动作定义了在图形中操作块参照的自定义特性时，动态块参照的几何图形将如何移动或变化。

（3）"参数集"选项卡

如图 7-40（c）所示，该选项卡提供用于向块编辑器的动态块定义中添加一个参数和至少一个动作的工具。将参数集添加到动态块中时，动作将自动与参数项关联。

（4）"约束"选项卡

如图 7-40（d）所示，该选项卡提供用于向块编辑器的动态块定义中添加约束的工具。

2. "块编辑器"选项卡

该选项卡如图 7-41 所示。

图 7-41 "块编辑器"选项卡

（1）"打开/保存"面板

该面板提供"编辑块"、"保存块"、"测试块"和"将块令存为"工具。

（2）"几何"面板

该面板提供用于向块编辑器的动态块定义中添加几何约束的工具。

（3）"标注"面板

该面板提供用于向块编辑器的动态块定义中添加标注约束的工具。

（4）"管理"面板

该面板提供"删除"、"构造"、"约束状态"等工具。

（5）"操作参数"面板

该面板提供用于向块编辑器的动态块定义中添加参数和动作等工具。

（6）"可见性"面板

该面板提供"创建"、"设置"和"删除"动态块中的可见性状态等工具。

（7）"关闭"面板

该面板提供"关闭块编辑器"工具。

7.6.2 动态块的创建流程

为了创建高质量的动态块，必须对动态块的创建流程有一个了解。动态块的创建流程如下。

1. 规划动态块的内容

在创建动态块之前，应了解其外观以及在图形中的使用方式。确定当操作动态块参照时，块中的那些对象会更改或移动等，还要确定这些对象将如何更改。这些因素决定了添加到块定义中的参数和动作的类型，以及如何使参数、动作和几何图形共同作用。

2. 绘制图形

用户可以在绘图区域或块编辑器中绘制动态块中的图形，也可以直接使用现有的图形或现有的块。

3. 了解块元素如何共同作用

在向块定义中添加参数和动作之前，应了解它们相互之间以及它们与块中的几何图形的相关性。在向块定义添加动作时，需要将动作与参数以及几何图形的选择集相关联。

4. 添加参数

根据需要向动态块定义中添加适当的参数，例如线型、旋转、对齐、翻转等。

5. 添加动作

向动态块定义中添加适当的动作，确保将动作与正确的参数和几何图形相关联。

6. 定义动态块参照的操作方式

指定在图形中操作动态块参照的方式。

7. 保存块并进行测试

保存动态块定义并退出块编辑器，然后将动态块参照插入到图形中并测试该块的功能。

【例 7-9】前面创建的块"螺栓 GB/T 5780—2000 M16×80"由于长度和方向都是单一的，所以使用起来并不方便，现在将其创建为动态块，使其具有拉伸、旋转、查询功能。

操作步骤如下。

① 命令：_bedit 正在重生成模型。

执行 BEDIT 命令后，AutoCAD 弹出"编辑块定义"对话框，如图 7-38 所示。在列表框中选择已定义的块"螺栓 M16×80"，单击"确定"按钮后，系统打开"块编写选项板"和"块编辑器"选项卡，如图 7-39 所示。

② 单击"块编写选项板"|"参数"选项卡|"线性"命令。

```
命令：_BParameter 线性
指定起点或 [名称(N)/标签(L)/链(C)/说明(D)/基点(B)/选项板(P)/值集(V)]：（用鼠标捕捉
螺栓杆左端中点）
指定端点：                                （用鼠标捕捉螺栓杆右端中点）
指定标签位置：                 （在螺栓上部合适的位置单击确定标签的位置）
```

操作完成后结果如图 7-42 所示。

③ 为这个线性变化的参数确定几个值，即确定螺栓的几个长度规格。单击选择图形中的"距离 1"参数，按快捷键"Ctrl+1"，打开"特性"窗口，找到"值集"选项区中的"距离类型"，在下拉列表中选择"列表"项，然后单击下面的"距离值列表"打开"添加距离值"对话框，如图 7-43 所示。将 50、60、70、90、100、120 几个值添加进去，单击"确定"按钮，关闭对话框。

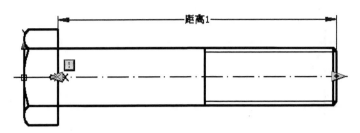

图 7-42　添加完"线性"参数的图形

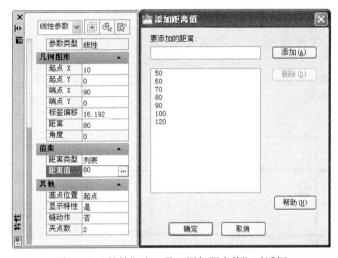

图 7-43　"特性"窗口及"添加距离值"对话框

④ 为这个长度变化的"距离 1"参数添加拉伸动作。

单击"块编写选项板"|"动作"选项卡|"拉伸"命令。

命令：_BActionTool 拉伸

选择参数：　　　　　　　　　　　　　　　　　　　　　（用鼠标单击"距离 1"参数）

指定要与动作关联的参数点或输入 [起点(T)/第二点(S)] <起点>：（用鼠标捕捉螺栓杆右端中点）

指定拉伸框架的第一个角点或 [圈交(CP)]：（用鼠标在图 7-44 虚线框右上角位置单击）

指定对角点：　　　　　　　（用鼠标在图 7-44 虚线框左下角位置点击，拉出虚线框）

操作完成后结果如图 7-44 所示。

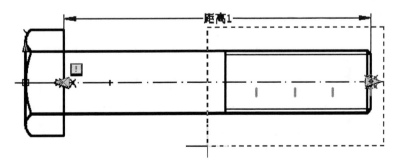

图 7-44　指定拉伸框架图形

指定要拉伸的对象：（用鼠标在图 7-45 虚线框内阴影区域右下角位置单击，然后在阴影区域左上角位置单击拉出阴影区域）

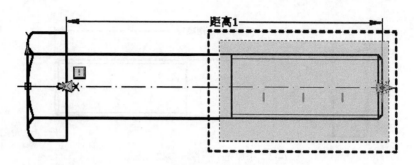

图 7-45　选择拉伸对象

选择对象：指定对角点：找到 12 个
选择对象：✓　　　　　　　　　　　　　　　　　　　　　（完成选择对象）

此时螺栓右上角出现了"拉伸"图标 ，说明完成了为"距离 1"参数添加拉伸动作，结果如图 7-46 所示。

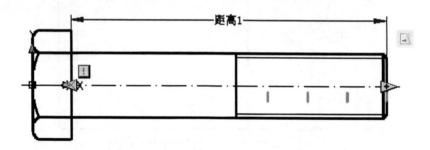

图 7-46　添加完"拉伸"动作的图形

⑤ 单击"块编辑器"选项卡|"打开/保存"面板|"测试块"命令对刚才添加的拉伸动作进行测试。

⑥ 单击"块编写选项板"|"参数"选项卡|" 旋转"命令。

命令：_BParameter 旋转
指定基点或 [名称(N)/标签(L)/链(C)/说明(D)/选项板(P)/值集(V)]：（用鼠标捕捉螺栓杆左端中点）
指定参数半径：20✓　　　　　　　　　　　　　　　（输入参数半径为 20）
指定默认旋转角度或 [基准角度(B)] <0>：✓　　　　　　（接受默认旋转角度为 0°）

操作完成后结果如图 7-47 所示。

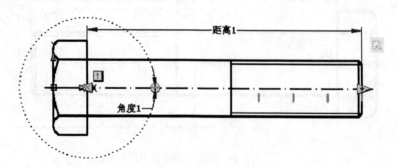

图 7-47　添加完"旋转"参数的图形

⑦ 为这个旋转参数确定几个值，即确定螺栓的几个方向。单击选择图形中的"角度1"参数，按快捷键"Ctrl+1"，打开"特性"窗口，找到"值集"选项区中的"角度类型"，在下拉表中选择"列表"项，然后单击下面的"角度值列表"打开"添加角度值"对话框，如图7-48所示。将90、180、270几个值添加进去，单击"确定"按钮，关闭对话框。

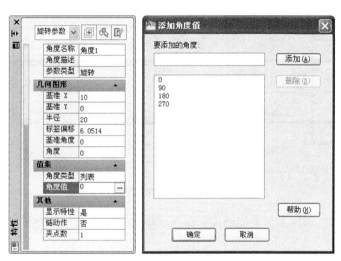

图7-48 "特性"窗口及"添加角度值"对话框

⑧ 为这个角度变化的"角度1"参数添加旋转动作。

单击"块编写选项板"|"动作"选项卡|" 旋转"命令。

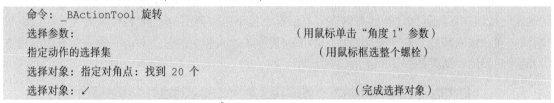

此时螺栓上出现了"旋转"图标 ，说明完成了为"角度1"参数添加旋转动作，结果如图7-49所示。

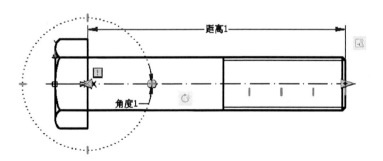

图7-49 添加完"旋转"动作的图形

⑨ 单击"块编辑器"选项卡|"打开/保存"面板|"测试块"命令对刚才添加的旋转动作进行测试。

⑩ 为了使这个动态块使用起来更加清晰明了，为长度添加"查询"功能。单击"块编写选项板"|"参数"选项卡|" 查询"命令。

命令：_BParameter 查寻

指定参数位置或 [名称(N)/标签(L)/说明(D)/选项板(P)]：（用鼠标在右上角"拉伸"图标 ⬜ 旁边单击确定查询图标的位置）

操作结果如图 7-50 所示。

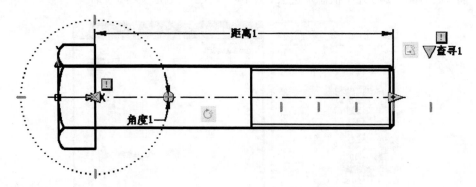

图 7-50　添加完"查询"参数的图形

⑪ 为"查询 1"参数添加查询动作。单击"块编写选项板"|"动作"选项卡|"📄查询"命令。

命令：_BActionTool 查寻

选择参数：　　　　　　　　　　　　　　　（用鼠标点击"查询1"参数）

这时系统弹出如图 7-51 所示的"特性查询表"对话框，点击对话框上面的"添加特性"按钮，系统弹出如图 7-52"添加参数特性"对话框，在名称列表框里选择"距离 1"参数。单击"确定"按钮，系统返回"特性查询表"对话框，接下来按照图 7-53"特性查询表"对话框里所示，在"输入特性"和"查询特性"两个列表框了输入相应的值，单击"确定"按钮完成查询动作的添加。结果如图 7-54 所示。

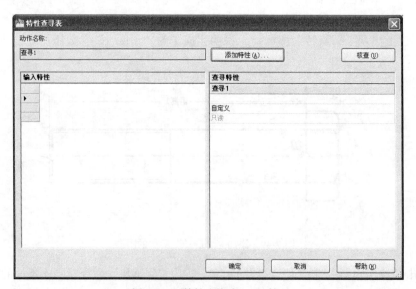

图 7-51　"特性查询表"对话框

⑫ 单击"块编辑器"选项卡|"打开/保存"面板|"测试块"命令对刚才添加的查询动作进行测试。单击螺栓右上角的查询夹点，将会弹出查询列表如图 7-55 所示，单击查询列表上的选

项就会将螺栓调整到相应的长度上。

⑬ 单击"块编辑器"选项卡|"打开/保存"面板|"保存块"命令对动态块进行保存。

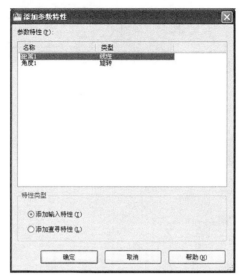

图 7-52 "添加参数特性"对话框

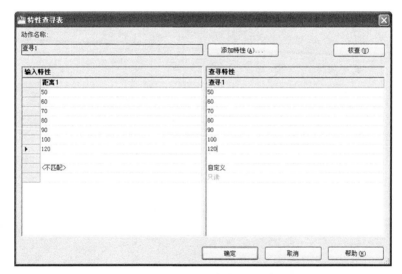

图 7-53 "特性查询表"对话框

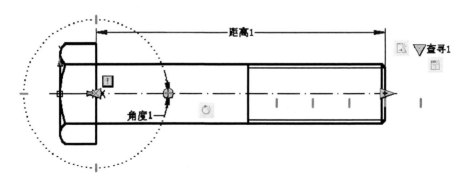

图 7-54 添加完"查询"动作的图形

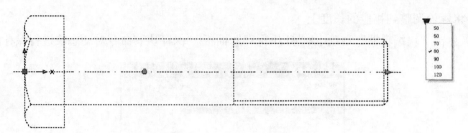

图 7-55   查询列表

第8章

零件图的绘制

【学习目标】

1. 掌握图案填充命令的使用方法。
2. 创建符合 CAD 标准的样板图。
3. 掌握零件图中尺寸公差、表面粗糙度的标注方法。
4. 应用引线标注方法标注形位公差和旁注法标注。
5. 应用多义线命令绘制箭头、基准符号等。

【本章重点】
1. 零件图中常见技术要求与工艺结构。
2. 看、画典型零件的零件图。

【本章难点】
零件图构建的综合运用。

8.1 零件图的基本内容

零件图是设计部门提交给生产部门的重要技术文件。它不仅反映了设计者的设计意图，而且表达了零件的各种技术要求，如表面粗糙度、尺寸公差和形位公差等。零件图是制造和检验零件的重要依据。

一张完整的零件图包括以下内容。

1. 一组视图

视图主要表达零件的结构形状。要根据零件的结构特点选择适当的剖视、断面等表达方法，将零件的结构形状表达清楚。在 AutoCAD 中，涉及剖面线的画法（图案填充）。

2. 完整的尺寸

完整的尺寸主要反映零件的大小，尺寸标注要正确、完整、清晰和合理。在 AutoCAD 中，要进行尺寸标注样式的设置。

3. 技术要求

零件图上的技术要求主要包括：尺寸公差、形位公差、表面粗糙度、表面处理、热处理等。在 AutoCAD 中，可将有关内容自定义成块，还可以使用文字命令输入编辑相关的技术要求。

4. 标题栏

标题栏内容包括：零件的名称、材料、数量、比例、图样的编号以及设计、制图、审核人员的签名等。在 AutoCAD 中，要绘制表格和应用文字输入方法输入有关的内容。

8.2 图案填充（剖面线的画法）

视图的局部常常采用剖切的画法，因此在剖视区域要用图案进行填充，即画剖面线。关于剖面线的画法，在工程制图国家标准中已有规定。对于工程上常用的金属材料，一般用与水平成 45° 的等距的细实线绘制，并且还规定了同一个零件的几个剖视图，其剖面线的方向、间距要一致。

8.2.1 创建图案填充

（1）功能

在指定的填充边界内填充一定样式的图案。

（2）命令执行方式

① 下拉菜单："绘图" | "图案填充"。

② 工具栏：绘图 ▨。

③ 命令：BHATCH。

（3）操作过程

执行命令后，AutoCAD 弹出如图 8-1 所示的"图案填充和渐变色"对话框。在该对话框中，选择"图案填充"选项卡中的一种图案，确定填充边界后，单击"确定"按钮，就可以完成简单的图案填充操作。

① 设置填充图案。"图案填充"选项卡主要用于控制剖面线的图案样式及有关特性，包括如下的内容。

• 类型：用户选择和设置所用的填充图案的类型。单击下拉列表箭头，其中图样类型有"预定义""用户定义"和"自定义"三种，可选择需要的填充方式。AutoCAD 默认的是"预定义"的方式。

图 8-1　"边界填充与渐变色"对话框

- 图案：用户可在"图案"下拉列表框中选择预设置填充图案。在"图案"下拉列表框中，列出了所有可用的预设置填充图案。用户还可以单击"图案"下拉列表框右边▭按钮，则弹出如图 8-2 所示的"填充图案选项板"对话框，用户可从该对话框中选择一个可用的填充图案。

图 8-2　"填充图案选项板"对话框

- 样例：显示了所选中填充图案的预览图像。单击此复选框也可弹出"填充图案选项板"对话框。
- 角度：图样中剖面线的倾斜角度。默认值是 0，用户可输入数值改变角度。
- 比例：图样填充式的比例因子。AutoCAD 提供的各种图案都有默认的比例，如果此比例不合适（太稀或太密），可以输入数值，给出新比例。在实际使用时，填充图案的比例设置太小，其填充速度会较慢，有时甚至会出现死机的现象。因此，剖面线填充比例不宜设置太小。

其他的项目："自定义图案"、"相对图纸空间"、"间距"、"双向"，这 4 项只有在选择了"用户自定义"选项后才可使用，一般情况下都不用。"双向"是指确定用户临时定义的填充线为一组平行线或是相互垂直的两组平行线。"IOS 笔宽"也只有用户选择了 IOS 填充图案后，才可对其进行设置。

② 设置填充色。使用"边界填充与渐变色"对话框中的"渐变色"选项卡，可设定填充色，如图 8-3 所示。

• 单色：使用一种颜色的渐变色来填充图形。双击左边的颜色条或单击 按钮，都可选择需要的颜色，并通过"暗"至"明"的滑块调整渐变效果。

• 双色：使用由两种颜色形成的渐变色来填充图形。

• 渐变图案：显示可用的 9 种渐变填充图案。

• 居中：选中该复选框，所选颜色将以居中的方式渐变。

• 角度：用于设置渐变方向。

③ 其他选项。

• 拾取点：用户在要填充剖面线的区域内拾取点，AutoCAD 自动选择当前对象，以便决定剖面线边界。

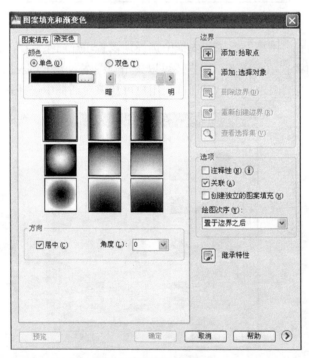

图 8-3 "渐变色"选项卡

• 选择对象：选择形成填充边界对象。此时对象无需构成闭合的边界。

• 查看选择集：查看当前边界选择集。单击该选项，AutoCAD 临时切换到绘图屏幕，将所选择的填充边界以高亮度的形式显示。在没有选取对象时，此选项不可用。

• 关联：用于控制创建的图案填充与填充边界是关联的还是不关联的。填充后，如果还是关联的，则随着填充边界的改变填充区域也会改变；如果是非关联的，则填充相对于它的填充边界是独立的，边界的修改不影响填充对象的改变。

- 绘图次序：单击该下拉菜单，列出了五种绘图次序，任选其一可以改变当前绘图顺序。
- 继成特性：即选用图中已有的填充图样作为当前的填充图样，相当于格式刷。

8.2.2　编辑图案填充

（1）功能：编辑已有的图案填充对象。

（2）命令执行方式。

① 下拉菜单："修改" | "对象" | "图案填充"。

② 工具栏：修改 ☑。

③ 命令：HATCHEDIT。

④ 快捷菜单：选择一个图案填充对象，在绘制区域单击鼠标右键，从弹出的快捷菜单中选择 "图案填充编辑" 选项。

（3）操作过程：执行命令后，命令行提示如下。

选择图案填充对象：

用户选择一个图案对象后，AutoCAD 弹出如图 8-4 所示 "图案填充编辑" 对话框。

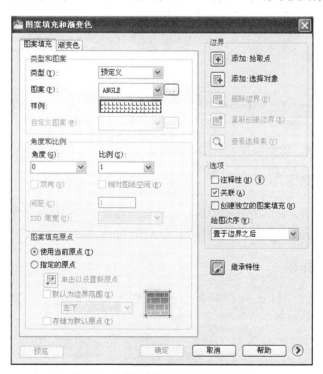

图 8-4　"图案填充和渐变色" 对话框

"图案填充编辑" 对话框与 "图案填充和渐变色" 对话框的选项完全一样，只是在编辑图案时，其中的某些项不可用。在利用 "图案填充编辑" 对话框对已填充的图案进行编辑时，用户只能对填充图案特性、填充样式及关联性进行编辑，而不能重新定义填充边界。

8.3 创建样板图

8.3.1 制作样板图的目的

在 AutoCAD 2010 中提供了许多种类的模板，但没有符合我国工程制图标准的模板。因此，我们需要建立自己的样板图，这样在绘制新的图形文件时，就可以直接调用现有的样板图，而不必每一张图样都要从头进行设置相关的绘图参数或样式，避免许多重复工作。

制作一张样板图主要包括如下的内容。

（1）选择图幅，确定绘图单位。

（2）设置图层、线型、线宽和颜色。

（3）设置文字样式。

（4）设置尺寸标注样式。

（5）绘制图框和标题栏。

（6）设置常用的图形符号。

（7）设置其他有关参数。

8.3.2 样板图的制作步骤

以 A3 号图幅为例，说明制作样板图的步骤。

1. 选择系统样图

使用"新建"命令，在"创建新图形"对话框中选择"使用样板"单选按钮。在"选择样板"列表框中，选择 Acadiso.dwt 标准图样作为新图的初始图样。

2. 设置绘图界限

根据 A3 图纸幅面，用 Limist 命令设置绘图边界。

```
命令: _Limits
重新设置模型空间界限:
指定左下角点或[开（NO）/关（OFF）]<0.0000,0.0000>: ✓
指定左下角点<420.0000,297.0000>: ✓
（接受默认值）
```

3. 设置绘图菜单

单击下拉菜单"格式"|"单位"，打开"图形单位"对话框（见图 8-5），设置长度、角度

单位、精度等参数。

图 8-5　"图形单位"对话框

4. 设置图层、线型、线宽和颜色

单击下拉菜单"格式"|"图层"，打开"图层特性管理器"对话框，根据 CAD 制图标准，建立如图 8-6 所示的图层、线型、线宽和颜色等。

图 8-6　图层、线型、线宽和颜色的设置

5. 设置文字样式

单击下拉菜单"格式"|"文字样式"，打开"文字样式"对话框，如图 8-7 所示。在此对话框中，设置两种字体：一种字体是用于标注数字、字母的"样式 1，Times New Roman"；另一种是中文字体"样式 2，仿宋体＿GB2312，字宽比例为 0.7"。

在设置字体的过程中，字高设置为 0，便于在具体标注时随时调整。

6. 设置尺寸标注样式

单击下拉菜单"格式"|"标准样式"，打开"标注样式管理器"对话框，如图 8-8 所示。

在此对话框中，进行标注样式的设置。可接受当前标注样式"ISO—25"，该格式比较接近我国的标准。如果在具体标注时有特殊要求，则可用"修改"选项或"替代"选项进行修改。

图 8-7 "文字样式"对话框

图 8-8 "尺寸样式管理器"对话框

7. 绘制图框和标题栏

图框可以用直线命令或矩形命令绘制；标题栏可定义为图块插入，其具体的方法可参照其他章节介绍的有关内容。

8. 保存样板图

单击"保存"按钮，打开"图形另存为"对话框，如图 8-9 所示。

在"文件类型"下拉列表框中选择"AutoCAD 2007 图形（*.dwt）"，在"文件名"文本框中输入 A3，单击"保存"按钮，这时屏幕出现"样板说明"对话框，如图 8-10 所示，输入样板文件的描述，并选择测量单位后单击"确定"按钮。

图 8-9 "图形另存为"对话框

图 8-10 "样板说明"对话框

在样板图的制作中，还可以将"表面粗糙度"等符号定义为块，一起保存，以供随时调用。

8.3.3　样板图的调用

创建一张新图时，在"创建新图形"对话框中，单击"使用样板"的单选按钮，在"选择样板"列表框中找到 A3.dwt，并双击，这时所显示的图形便为 A3.dwt 样板图，如图 8-11 所示。

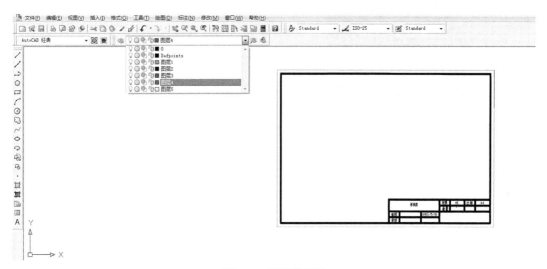

图 8-11　调用样板图

用上述方法可用 A0（841X1189）、A1（594X841）、A2（420X594）、A4（210X297）等图幅做成系统样板图。

8.4

零件图绘制实例

8.4.1　轴套类零件的绘制

绘制图 8-12 所示铣刀头传动轴零件图。

1.　画法分析

通常，轴套类零件有对称的主视图外轮廓线、局部剖视图和断面图表达常见的轴上结构。本案例以铣刀头传动轴为例，介绍综合运用 AutoCAD 软件绘图、文本编辑和标注等命令绘制轴套类零件的作图步骤。

2.　操作步骤

（1）设置图层和文字样式。图层和文字样式参数的设置参考本书 2.3 节和 5.1 节内容。

（2）设置尺寸样式。尺寸样式参数的设置参考本书 6.2 节内容。

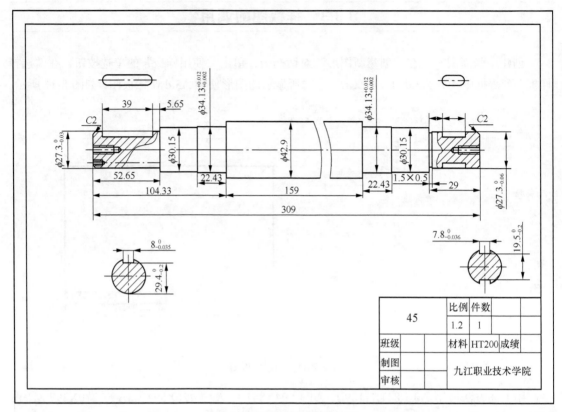

图 8-12　铣刀头传动轴零件图

（3）创建图块。带属性的表面结构代号、表面结构基本符号等，尺寸参数可参考机械制图标准。

（4）绘制传动轴的外轮廓。对于轴中间"假想断裂边界线"使用"双点画线"画出，完成后如图 8-13 所示。

图 8-13　绘制传动轴上部外轮廓

（5）绘制传动轴上的键槽，镜像后如图 8-14 所示。

图 8-14　绘制传动轴键槽并镜像

（6）绘制传动轴上的销孔及两端螺纹孔，完成后如图 8-15 所示。

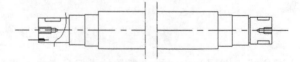

图 8-15　绘制传动轴上的销孔及两端螺孔

（7）绘制传动轴键槽的局部视图和移出断面图，完成后如图 8-16 所示。

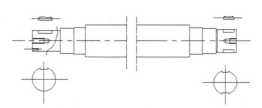

图 8-16　绘制传动轴键槽的局部视图和移出断面图

（8）绘制传动轴局部剖视图波浪线和剖面符号，完成后如图 8-17 所示。

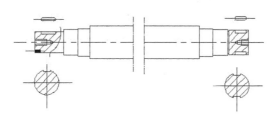

图 8-17　绘制传动轴局部剖视图波浪线和剖面符号

（9）标注传动零件图形，如图 8-12 所示。

8.4.2　叉架类零件的绘制

绘制图 8-18 所示的拔叉零件图。

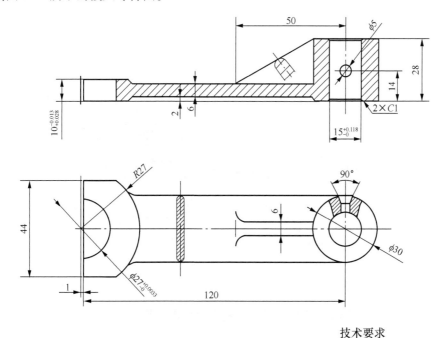

技术要求

未标注圆角 $R4 \sim R6$

图 8-18　拔叉零件图

1. 画法分析

叉架类零件常见的重合断面图。本案例以拔叉为例介绍综合运用 AutoCAD 软件绘图、文本编辑和标注等命令，以及绘制叉架类零件的作图步骤。

2. 操作步骤

（1）打开素材资料中的"零件图样板.dwg"。

（2）绘制拔叉俯视图，完成后如图 8-19 所示。

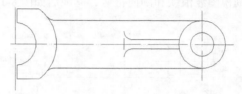

图 8-19　绘制拔叉俯视图

（3）绘制拔叉主视图，完成如图 8-20 所示。

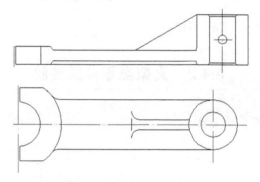

图 8-20　绘制拔叉主视图

（4）绘制拔叉局部剖视图、重合断面图及剖面符号，完成后如图 8-21 所示。

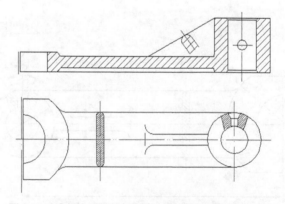

图 8-21　绘制拔叉局部剖视图、重合断面图及剖面符号

（5）标注拔叉尺寸，并编写各项技术要求，完成后如图 8-18 所示。

第9章

三维实体造型与编辑

【学习目标】

本章主要介绍三维实体的构建、编辑、修改等相关的知识，通过绘制一些典型的实体模型，重点介绍 AutoCAD 常用的三维绘图指令的一般方法步骤及使用技巧，使用户建立起三维空间的概念，以尽快掌握 AutoCAD 的三维建模的方法。

【本章重点】
掌握三维实体的构建与编辑。

【本章难点】
三维实体的构建与编辑指令的综合运用。

9.1 三维实体造型简介

9.1.1 三维几何模型

在 AutoCAD 中提供了三维绘图功能，用户可以构建三种三维模型：线框模型、表面模型和实体模型。每种模型都有自己的构建方法，但是这三种模型在计算机上的显示方式是相同的，即以线架结构显示出来，但是可以用命令使表面模型及实体模型显现真实性。

线框模型是一种轮廓模型，它是用点、线来表达三维立体，不包含面的信息。通常使用直线等绘制命令和输入三维坐标点来构建三维线框模型。图 9-1 所示为线框模型。线框模型结构简单，易于绘制。

表面模型是用面来表示物体，它定义了三维对象的边、表面等信息。表面不透明，能挡住视线，故表面模型可以被渲染和消隐。AutoCAD 的表面模型使用多边形网格定义对象的棱面模型。图 9-2 所示为表面模型。

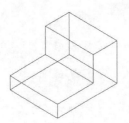

图 9-1　线框模型

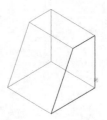

图 9-2　表面模型

实体模型具有线、表面、体的全部信息，描述了对象所包含的整个空间。实体模型区分对象的内部和外部，可以对其进行切槽等特征操作，对实体装配进行干涉检查，分析模型的质量、体积、重心等物理特性。对于计算机辅助加工，用户还可以利用实体模型生成数控加工程序。图 9-3 所示为实体模型。

图 9-3　实体模型

9.1.2　三维坐标系统

在绘制三维模型时，经常会在形体的不同表面上创建模型，因此需要用户不断地改变当前绘图平面，用户必须能够灵活地定义当前绘图面，这样才能在不同的三维面上使用这些二维或三维绘图与编辑指令。

AutoCAD 使用的是笛卡尔直角坐标系，有两种类型：世界坐标系（WCS），又称绝对坐标系，世界坐标系是唯一的、固定不变的，默认状态时，AutoCAD 的坐标系是世界坐标系；用户坐标系（UCS），用户根据自己的需要定义的坐标系。

1.　三维坐标系

（1）三维点坐标

三维点坐标输入法是指当命令行出现输入点坐标的提示后，用户直接键入所要确定的点的三个坐标值即可。三维点坐标有两种输入方式：绝对坐标输入和相对坐标输入。

① 绝对坐标输入。输入点的坐标表示此点与原点间的距离，用户直接输入 X、Y、Z 三个坐标值，三个坐标之间用逗号隔开。例如，点 A（20,20,30）表示该点的 X、Y、Z 三个坐标值分别为 20、20、30，如图 9-4 所示。

② 相对坐标输入。输入点的坐标表示此点与上一点之间的距离，用户直接输入当前点在 X、Y、Z 方向上的增量值，同时在输入值前面加上@符号。例如，点 B（@10,10,20）表示该点相对于上一点的 X、Y、Z 三个坐标值的增量分别为 10、10、20。

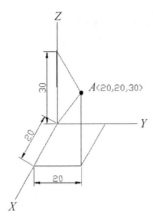

图 9-4　三维坐标输入

注意：输入点坐标之间的逗号必须在英文状态下才有效。

（2）球面坐标

球面坐标输入法是指当命令行出现输入点的提示后，用户直接输入：该点与当前坐标系原点的距离，该点同坐标原点的连线在 *XOY* 平面上的投影与 *X* 轴的夹角值，该点同坐标原点的连线与 *XOY* 平面的夹角值，并在这三项之间用"<"符号隔开。例如，点 *C*（60<50<60）表示该点与当前坐标系原点的距离为 60，该点同坐标原点的连线在 *XOY* 平面上的投影与 *X* 轴的夹角值为 50°，该点同坐标原点的连线与 *XOY* 平面的夹角值为 60°，球面坐标系输入法也有绝对和相对两种输入方式。

（3）柱面坐标

柱面坐标输入法是指当命令行出现输入点的坐标时，用户直接输入：该点在当前坐标系 *XOY* 平面上得投影和当前坐标系原点的距离、该点同坐标原点的连线在 *XOY* 平面上的投影与 *X* 轴的夹角值、该点的 *Z* 坐标值，并在前面两值之间用"<"符号隔开。例如点 *D*（70<60,50）表示该点在当前坐标系 *XOY* 平面上得投影和当前坐标系原点的距离为 70、该点同坐标原点的连线在 *XOY* 平面上的投影与 *X* 轴的夹角值 60°、该点的 *Z* 坐标值 50。柱面坐标也有绝对和相对两种输入方式。

2. 用户坐标系 UCS

用户坐标系就是用户根据需要自己定义的坐标系，它是一个变化的坐标系，用户坐标系 UCS 的坐标轴方向符合右手定则。AutoCAD 允许用户在世界坐标系的基础上定义用户坐标系，UCS 的原点可以设在空间的任一点，同时允许对坐标轴进行旋转、倾斜等相关操作。

（1）命名 UCS

启动"命名 UCS"可以通过下面的方式。

① 命令行：UCSMAN。

② 菜单："工具"|"命名 UCS"。

③ 在"功能区"选项板中选择"视图"选项卡，在"坐标"面板中单击相关按钮。

通过以上方式打开如图 9-5 的对话框。

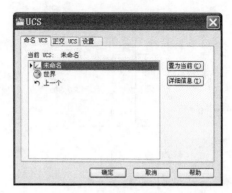

图 9-5 "UCS" 选项卡

选项说明如下。

① "命名 UCS" 选项卡。该选项卡用于显示已经存在的 UCS、设置当前坐标系，如图 9-5 所示。在该选项卡中，用户可以将世界坐标系、上一次使用的 UCS 或某个命名的 UCS 设置为当前坐标系。在列表框中选择某一坐标系，单击 "置为当前" 按钮。同时可以通过选项卡中的 "详细信息" 按钮来了解某一坐标系的详细信息。单击 "详细信息" 按钮，将会出现如图 9-6 所示的对话框。

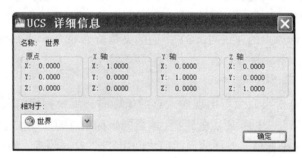

图 9-6 "UCS 详细信息" 选项卡

② "正交 UCS" 选项卡。该选项卡用于将 UCS 设置成六个正交模式之一。单击 "正交 UCS" 标签，打开如图 9-7 所示的对话框。其中 "深度" 用来定义坐标系的 XY 平面上的正投影与通过用户坐标系原点的平行平面之间的距离。可以通过在该视图上单击鼠标右键，选择深度，就可以进行设置。打开如图 9-8 所示的对话框。

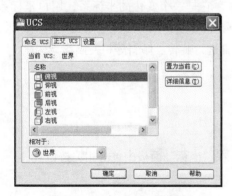

图 9-7 "正交 UCS" 对话框

图 9-8 "正交 UCS 深度" 对话框

③ "设置"选项卡。该选项卡用于设置 UCS 图标的显示形式、应用范围等。单击"设置"标签，打开如图 9-9 所示的对话框。

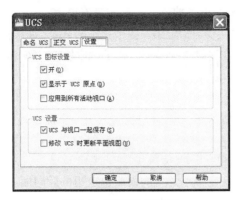

图 9-9 "设置"对话框

（2）UCS 图标特性

① 菜单："视图" | "显示" | "UCS 图标" | "特性"。

② 在"功能区"选项板中选择"视图"选项卡，在"坐标"面板中单击 UCS 图标特性按钮。打开如图 9-10 所示的对话框。该对话框用来指定二维或三维 UCS 图标的显示及其外观。

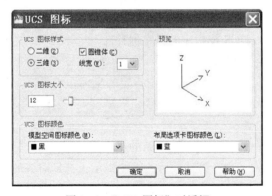

图 9-10 "UCS 图标"对话框

（3）建立 UCS

该命令用于定义用户坐标系，用于新建或修改当前的用户坐标系。该命令通过以下方式打开。

① 菜单：【工具】|【新建 UCS】|【世界】。

② 在【功能区】选项板中选择【视图】选项卡，在【坐标】面板中单击世界坐标系按钮。

③ 命令行：UCS。

```
命令：UCS
当前 UCS 名称：*世界*
指定 UCS 的原点或[面(F) /命名(NA)/对象(OB)/上一个(P)/视图(V)/世界(W)/X/Y/Z/Z 轴(ZA)]<
世界>：
```

选项说明如下。

① 指定 UCS 原点。使用一点、两点或三点定义一个新的 UCS。指定 UCS 的原点后接着提示。

指定 X 轴上的点或<接受>:指定第二点或按 Enter 键。如果按 Enter 键，则指定单个点。当前 UCS 的原点将会移动而不会更改 X、Y、Z 轴的方向。如果指定第二点，UCS 将绕先前指定的原点旋转，使 UCS 的 X 轴的正半轴通过该点，接着提示。

指定 XY 平面上的点或<接受>:指定第三点或按 Enter 键。如果按 Enter 键，则将输入限制的两点。如果指定第三点，UCS 将绕 X 轴旋转，使 UCS 的 XY 平面包含该点，且 Y 轴正半轴指向该点方向。

② 面（F）。将 UCS 与三维实体的选定面对齐。要选择一个面，在此面的边界内或面的边上单击，被击中的面点亮，UCS 的 X 轴将与找到的第一个面上最近的边对齐。

选择实体对象的面：

输入选项 [下一个(N)/X 轴反向(X)/Y 轴反向(Y)] <接受>:

a. 下一个（N）。将 UCS 定位于邻接的面或选定边的后向面。

b. X 轴反向。将 UCS 绕 X 轴旋转 180°。

c. Y 轴反向。将 UCS 绕 Y 轴旋转 180°。

d. 接受。如果按 Enter 键，则接受该位置，否则将重复出现提示。

③ 命名（NA）。恢复已经保存或按照名字保存的 UCS。

输入选项 [恢复(R)/保存(S)/删除(D)/?]:

a. 恢复(R)。输入已经保存的 UCS，使之成为当前 UCS。选择该选项，接着提示。

输入要恢复的 UCS 名称或 [?]:

b. 保存(S)。把当前的 UCS 按指定的名字保存。

输入选项 [恢复(R)/保存(S)/删除(D)/?]:

c. 删除(D)。把保存在用户坐标系列表中指定的坐标系删除。

输入选项 [恢复(R)/保存(S)/删除(D)/?]:

d. ?。列出 UCS。

④ 对象（OB）。选择一个实体对象建立新的用户坐标系。新坐标系的 Z 轴的正方向与选择的三维对象的延伸方向一致。选择该选项后，继续提示：选择对齐的 UCS 的对象。

⑤ 上一个（P）。用来恢复前一个坐标系，系统会自动保存最近设置的十个用户坐标系，因而，采用该选项可以重复使用 10 次。

⑥ 视图（V）。设置一个新的用户坐标系，以原坐标系的原点为原点，使 Z 轴垂直于当前视图，即 XY 平面平行于屏幕，Z 轴的正向指向用户，由右手定则确定 X、Y 轴的正方向。

⑦ 世界（W）。表示世界坐标系，该选项为默认选项。当用户需要返回世界坐标系时，只要对 "UCS" 命令的首行提示时，按下 Enter 键。

⑧ X/Y/Z。使当前坐标系绕用户指定的坐标轴转过一个角度来产生新的坐标系。如图 9-11 所示绕着 Y 轴转过 60°。

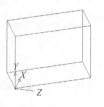

图 9-11　绕 Y 轴转过 60°

⑨ Z 轴（ZA）。要求用户指定新坐标系的原点和 Z 轴的正方向。如图 9-12 所示为将坐标系的原点进行移动。

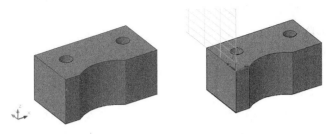

图 9-12　移动坐标系的原点

9.1.3　三维视图的显示

AutoCAD 提供了多种显示三维图形的方法。在模型空间下，可以从任何角度观察图形，观察图形的方向叫做视点，建立三维视图离不开视点的调整，通过设置视点可以观察到立体模型的不同侧面。

1.　视点设置

（1）视点预设命令

通过以下两种方式调用，打开如图 9-13 所示的对话框。

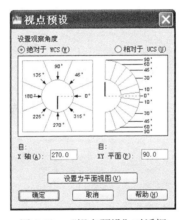

图 9-13　"视点预设"对话框

① 菜单方式："视图"|"三维视图"|"视点预设"。

② 命令行：DDVPOINT

选项说明如下。

① 绝对于 WCS（W）和相对于 UCS（U）。表示世界坐标系或用户坐标系设置实现角度。

② 与 X 轴的夹角（A）。指视线在 XY 平面上的投影与 X 轴正方向的夹角。

③ 与 XY 平面的夹角（P）。指视线与 XY 平面的夹角。

④ 设置为平面视图（V）。

（2）视点命令

设置图面的三维直观视图的观察方向，通过以下两种方式调用。

① 菜单方式："视图" | "三维视图" | "视点"。

② 命令行：VPOINT。

通过命令打开出现如下提示。

指定视点或 [旋转(R)] <显示指南针和三轴架>:

选项说明如下。

① 指定视点。利用用户输入的 X、Y、Z 坐标创建一个矢量，通过该矢量来定义观察视图的方向。

② 旋转（R）。使用两个旋转角度确定视点。

③ 显示指南针和三轴架。此项为缺省项，选择后将在屏幕上出现如图 9-14 所示的界面。

（3）视图的选取

视图的选取可以通过以下两种方式设置。

① 菜单方式："视图" | "三维视图"命令，如图 9-15 所示，等轴测图可以选择西南等轴测、东南等轴测、东北等轴测、西北等轴测；正交视图可以选择俯视、仰视、左视、右视、主视和后视。

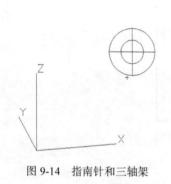

图 9-14　指南针和三轴架

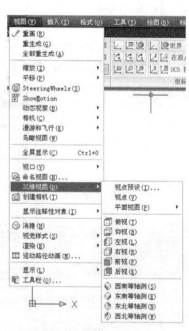

图 9-15　"视图"菜单

② 在"功能区"选项板中选择"视图"选项卡，在"视图"面板中单击相关视图按钮。

2．多视口设置

AutoCAD 2010 最有用的特性之一就是可以把屏幕分成两个或更多独立的视口。在绘制三维图形的时候，可以在屏幕上划分出多个绘图区域来方便用户从不同角度来观察图形，也就是多视口设置。

多视点设置通常采用以下方法。

① 菜单方式："视图"|"视口"|打开下拉菜单项|选择视口配置的数量。

② 在"功能区"选项板中选择"视图"选项卡，在"视口"面板中单击设置视口的按钮。

激活该命令后，AutoCAD 将弹出如图 9-16 所示的对话框。

图 9-16　"新建视口"对话框

选项说明如下。

① "新建视口"选项卡，如图 9-16 所示。

a．"新名称"。建立新的视口并保存。

b．"标准视口"。列出系统提供的标准视口配置。

c．"预览"。显示用户选择的视口配置。

d．"应用于"。将选择的视口配置用于整个显示屏幕或者当前视口。

e．"设置"。选择"二维"，则所有新视口与当前视口一致，选择"三维"，则新视口的视点可以选择设置为三维中的特殊视点。

f．"修改视图"。用于从列表中选择的视口配置代替已选择的视口配置。

g．"视觉样式"。用于显示实体的形态，有二维线框、三维线框和三维消隐等。

② "命名视口"选项卡，如图 9-17 所示。

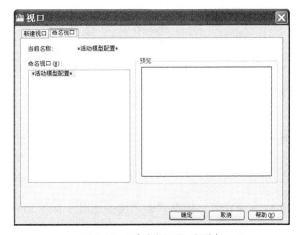

图 9-17　"命名视口"选项卡

3. 动态观察三维图形

AutoCAD 2010 提供了具有交互控制功能的三维动态观察器，用三维动态观察器可以实时控制和改变当前视口中创建的三维视图，以得到期望的效果。

打开"三维动态观察器"的方式有以下几种。

① 命名行：3DORBIT。

② 菜单方式："视图" | "动态观察" | "自由动态观察"。

③ 工具栏：在"功能区"选项板中选择"视图"选项卡，在"导航"面板中单击动态观察/自由动态观察/连续动态观察的相关按钮。

当执行了该命令后，图形中会出现如图 9-18 所示的三维动态观察器转盘。按下鼠标左键移动光标可以拖动视图旋转，当光标移动到弧线球的不同部位时，可以用不同的方式旋转视图。

① 当光标置于弧线球左或右两个小圆中时，光标图标变成水平椭圆。如果在按下鼠标左键的同时移动光标，视图将绕着通过弧线球中心的垂直轴转动。

② 当光标置于弧线球上或下两个小圆中时，光标图形变成垂直椭圆。如果在按下左键的同时移动光标，视图将绕着通过弧线球中心的水平轴转动。

③ 当光标在弧线球内时，光标图形显示为两条封闭曲线环绕的小球体，此时视线从球面指向球心，按住鼠标左键可以沿任意方向旋转视图，从球面不同位置上观察对象。

图 9-18　三维动态观察转盘

④ 当光标在弧线球外时，光标图形变成环形箭头。当按下鼠标左键绕着弧线球移动光标时，视图绕着通过球心并垂直于屏幕的轴转动。

4. 三维图形的消隐与着色

（1）三维图形的消隐

用于隐藏面域或三维实体被挡住的轮廓线。消隐的效果如图 9-19 所示。

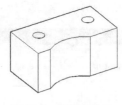

图 9-19　消隐的效果

命令调用方式如下。

① 菜单方式："视图" | "消隐"。

② 命令：HIDE。

（2）三维图形的着色

以指定颜色在三维实体表面着色，根据观察角度确定各个面的相对亮度，产生逼真的立体效果。

命令调用方式如下。

① 菜单方式："视图" | "视觉样式】|从下拉菜单选择着色方式。

② 工具栏：从"着色"工具栏单击相应的图标选择着色方式，如图 9-20 所示。

③ 命令行：SHADEMODE。

图 9-20 "着色"工具栏

选项说明如下。

① 二维线框（2D）。以直线和曲线来显示对象的边界。

② 三维线框（3D）。以直线和曲线来显示对象的边界，同时显示一个三维 UCS 图标。

③ 三维消隐（H）。以三维线框显示对象，并隐藏背面不可见的轮廓。同时显示一个三维 UCS 图标。

④ 真实（R）。在对象的多边形面间进行阴影着色，并在多边形面间进行圆滑。

⑤ 概念（C）。着色时使对象的边平滑化，着色时使用冷色和暖色进行过渡，着色的效果缺乏真实感，但是可以更方便地查看模型的细节。

9.2 三维基本形体绘制

9.2.1 三维线框模型的创建

线框模型主要描绘三维对象的骨架，不具有面和体的特征，而且只能沿 Z 方向加厚，可以理解为对二维平面图形赋予一定厚度后在三维空间产生的模型。

构建三维线框模型通常采用以下几种方法。

1. 利用三维多段线创建

调用方法如下。

① 菜单方式："绘图" | "三维多段线"。

② 命令行：3DPLOY。

操作步骤如下。

命令：3DPLOY
指定多段线的起点：
指定直线的端点或 [放弃(U)]：
指定直线的端点或 [闭合(C)/放弃(U)]：

例如：依次输入点 A（0,0,0）、B（100,0,0）、C（100,80,0）、D（0,80,0）、E（0,0,60）、F（0,80,60）、A（0,0,0）、B（100,0,0）、F（0,80,60）、C（100,80,0）、E（0,0,60），完成如图 9-21 所示模型。

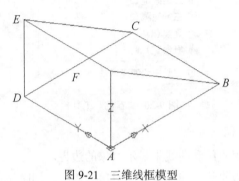

图 9-21　三维线框模型

2. 设置当前高度和厚度

命令调用方法：只能通过键盘输入 ELEV 命令。
操作步骤如下。

命令：ELEV
指定新的默认标高 <0.0000>：
指定新的默认厚度 <0.0000>：

注意：图形的基底标高是指从 XY 平面开始沿着 Z 轴测得的 Z 坐标值，图形的厚度是指图形沿 Z 轴测得的长度。

9.2.2　三维表面模型的创建

表面模型主要以平面的形式来描述物体的表面。AutoCAD 采用多边形网格模拟三维模型表面，模型可以进行消隐、着色、渲染，从而得到真实的效果。

表面模型的命令主要用绘图菜单的表面子菜单，如图 9-22 所示。

图 9-22　表面子菜单

1．表面模型的构建

以旋转曲面的方式来创建

① 菜单调用："绘图"｜"建模"｜"网格"｜"旋转网格"。

② 命令行：revsurf。

2．命令操作

下面以图 9-23 为例说明。

```
命令：revsurf ✓ 系统提示：
当前线框密度：SURFTAB1=6  SURFTAB2=6
选择要旋转的对象：                              （选择图中的曲线）
选择定义旋转轴的对象：                          （选择旋转轴）
指定起点角度 <0>：✓
指定包含角 （+=逆时针，-=顺时针） <360>：✓
```

完成如图 9-23（b）所示的图形。

选项说明如下。

① 起点角度如果设置为非零值，平面将从生成路径曲线位置的某个偏移处开始旋转。

② 包含角用来指定绕转轴旋转的角度。

③ 系统变量 SURFTAB1 和 SURFTAB2 用来控制生成网络的密度。SURFTAB1 指定在旋转方向上绘制的网格线的数目，SURFTAB2 指定绘制的网格线的数目进行等分。

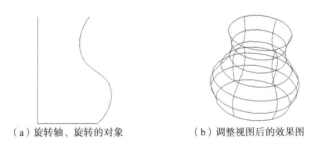

（a）旋转轴、旋转的对象　　　　（b）调整视图后的效果图

图 9-23　利用旋转网格命令绘制的曲面

9.2.3　三维实体模型的创建

实体是可以完整表达物体几何形状和物理特性的模型，与线框模型、表面模型相比，实体的信息更完整，容易创建与编辑。AutoCAD 2010 提供以下几种三维实体的构建方法。

① 根据基本实体来构建，如长方体（正方体）、球体、圆柱体、圆锥体等。

② 通过拉伸、旋转、扫掠、放样等来构建实体。

③ 通过布尔运算将简单的实体对象组合成复杂的实体。

长方体、圆柱体、球体、楔体、圆锥体、圆环体等都是基本建模单元，AutoCAD 2010 提供了创建这些基本实体的命令。

1. 构建长方体

（1）命令功能

构建长方体。

（2）命令调用方式。

① 菜单方式："绘图"｜"建模"｜"长方体"。

② 命令行：BOX。

（3）命令执行

通过指定底面的第一个角点的位置，再指定高度，下面以构建如图 9-24 所示的长方体为例说明。

```
命令: BOX
指定第一个角点或 [中心(C)]:                （指定长方体的底面第一点）
指定其他角点或 [立方体(C)/长度(L)]: L      （选择长度 L，可以构建立方体）
指定长度 <80.0000>: 100                   （长方体底面的底边长度）
指定宽度 <80.0000>: 80                    （长方体底面的底边宽度）
指定高度或 [两点(2P)] <60.0000>: 70        （长方体底面的底边高度，也可以通过两点来确定高度）
```

2. 构建圆柱体

（1）命令功能

构建圆柱体。

（2）命令调用方式

① 菜单方式："绘图"｜"建模"｜"圆柱体"。

② 命令行：cylinder。

（3）命令执行

通过指定底面圆的参数，再指定高度，下面以构建如图 9-25 所示的圆柱体为例说明。

图 9-24　构建长方体

```
命令: cylinder
指定底面的中心点或 [三点(3P)/两点(2P)/切点、切点、半径(T)/椭圆(E)]（指定一点）
指定底面半径或 [直径(D)] <42.3193>: 80
指定高度或 [两点(2P)/轴端点(A)] <200.0000>: 200
```

选项说明如下。

① 指定底面的中心点或 [三点(3P)/两点(2P)/切点、切点、半径(T)/椭圆(E)]。

a. 指定底面的中心点。可以通过鼠标直接点取任一点、已经存在的点、输入点的坐标来确定中心点。

b. 三点（3P）。通过三点来确定圆柱体底面圆。

c. 两点（2P）。通过直径的两端点来确定圆柱体底面圆。

d. 切点、切点、半径（T）。通过指定与两个被相切的对象、半径来确定圆柱体底面圆。

e. 椭圆（E）。利用椭圆的长半轴、短半轴的长度来确定椭圆柱体的底面椭圆。

② 指定底面半径或 [直径(D)] <42.3193>。

可以通过指定半径（直径）来确定。

③ 指定高度或 [两点(2P)/轴端点(A)] <200.0000>。

可以通过直接指定高度、通过两点来确定高度、通过指定轴端点来确定等。

3. 构建球体

（1）命令功能

构建球体。

（2）命令调用方式

① 菜单方式："绘图"|"建模"|"球体"。

② 命令行：sphere。

（3）命令执行

通过指定球体的中心点和半径或直径来构建球体，下面以构建如图9-26所示的球体为例说明。

图 9-25　构建圆柱体　　　　　　　　　　　　图 9-26　构建球体

```
命令: sphere
指定中心点或 [三点(3P)/两点(2P)/切点、切点、半径(T)]:              (指定球心的位置)
指定半径或 [直径(D)] <67.2810>: 100
```

选项说明如下。

① 指定中心点或 [三点(3P)/两点(2P)/切点、切点、半径(T)]。

a. 指定中心点。可以用鼠标直接点取任一点、已经存在的点、输入点的坐标来确定中心点。

b. 三点（3P）。通过三点来确定球体。

c. 两点（2P）。通过直径的两端点来确定球体。

d. 切点、切点、半径（T）。通过指定与两个被相切的对象、半径来确定球体。

② 指定半径或 [直径(D)] <67.2810>。

可通过指定半径（直径）来确定。

4. 构建圆锥体

（1）命令功能

构建圆锥体。

（2）命令调用方式

① 菜单方式："绘图"|"建模"|"圆锥体"。

② 命令行：cone。

（3）命令执行

通过圆锥底面中心、半径、圆锥的高度来构建球体，下面以构建如图9-27所示的圆锥体为例说明。

```
命令: cone
```

> 指定底面的中心点或 [三点(3P)/两点(2P)/切点、切点、半径(T)/椭圆(E)]:
> 指定底面半径或 [直径(D)] <216.3379>: 100
> 指定高度或 [两点(2P)/轴端点(A)/顶面半径(T)] <80.0000>: 300

选项说明如下。

① 指定底面的中心点或 [三点(3P)/两点(2P)/切点、切点、半径(T)/椭圆(E)]。

a．指定底面的中心点。可以通过鼠标直接点取任一点、已经存在的点、输入点的坐标来确定中心点。

b．三点（3P）。通过三点来确定圆锥体底面圆。

c．两点（2P）。通过直径的两端点来确定圆锥体底面圆。

d．切点、切点、半径（T）。通过指定与两个被相切的对象、半径来确定圆锥体底面圆。

e．椭圆（E）。利用椭圆的长半轴、短半轴的长度来确定椭圆锥体的底面椭圆。

② 指定底面半径或 [直径(D)] <216.3379>: 100。可以通过直径或半径来确定。

③ 指定高度或 [两点(2P)/轴端点(A)/顶面半径(T)] <80.0000>: 300。

a．指定高度。可以通过直接指定高度。

b．两点（2P）。通过两点来确定高度。

c．轴端点（A）。通过指定轴端点来确定。

d．顶面半径（T）。通过指定顶面半径来构建圆锥台。

5. 构建楔体

图 9-27　构建圆锥体

（1）命令功能

构建楔体。

（2）命令调用方式

① 菜单方式："绘图" | "建模" | "楔体"。

② 命令行：wedge。

（3）命令执行

通过指定底面第一个对角点和第二个对角点来构建楔体，下面以构建如图 9-28 所示的楔体为例说明。

> 命令: wedge
> 指定其他角点或 [立方体(C)/长度(L)]:
> 指定高度或 [两点(2P)] <150.0000>: 100

选项说明如下。

① 指定其他角点或 [立方体(C)/长度(L)]。

a．指定其他角点。可以通过鼠标直接点取任一点。

b．立方体（C）。通过该项可以构建立方楔体。

② 指定高度或 [两点(2P)] <150.0000>。

a．指定高度。可以通过直接输入楔体高度来构建。

b．两点（2P）。通过指定的两点来构建高度。

图 9-28　构建楔体

6. 构建多段体

（1）命令功能

构建多段体。

（2）命令调用方式

① 菜单方式："绘图"|"建模"|"多段体"。

② 命令行：Polysolid。

（3）命令执行

通过按照高度=4.0000，宽度= 0.2500，对正=居中的方式来指定一些点来构建楔体，下面以构建如图 9-29 所示的多段体为例说明。

```
命令：Polysolid
指定起点或 [对象(O)/高度(H)/宽度(W)/对正(J)] <对象>:
指定下一个点或 [圆弧(A)/放弃(U)]: 30
指定下一个点或 [圆弧(A)/放弃(U)]: a
指定圆弧的端点或 [闭合(C)/方向(D)/直线(L)/第二个点(S)/放弃(U)]: 20
指定下一个点或 [圆弧(A)/闭合(C)/放弃(U)]: 指定圆弧的端点或 [闭合(C)/方向(D)/直线(L)/第二个点(S)/放弃(U)]: 20
```

直接按 Enter 键结束命令。

选项说明如下。

① 指定起点或 [对象(O)/高度(H)/宽度(W)/对正(J)] <对象>:

a. 对象（O）。在该提示下，旋转已经有的图形对象，可以产生指定厚度和高度的多段体，如图 9-29（b）所示。

b. 高度（H）。在该提示下输入多段体新的高度，按回车键即可。

c. 宽度（W）。在该提示下输入多段体新的宽度，按回车键即可。

d. 对正（J）。在该提示下输入多段体对正方式，如左对正（L）/居中（C）/右对正（R），按回车键即可。

② 指定下一个点或 [圆弧(A)/放弃(U)]:

a. 圆弧（A）。可以通过该指令来进行绘制圆弧。

b. 放弃（U）。放弃该段曲线的绘制。

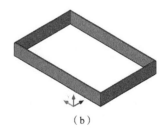

（a）　　　　　　　　　　　　　　　（b）

图 9-29　构建多段体

7．构建多段体

（1）命令功能

构建棱锥体。

（2）命令调用方式

① 菜单方式："绘图"|"建模"|"棱锥体"。

② 命令行：pyramid。

（3）命令执行

通过指定一些点来构建楔体，下面以构建如图 9-30 所示的棱锥体为例说明。

```
命令: Polysolid
指定底面的中心点或 [边(E)/侧面(S)]:                                （指定一点）
指定底面半径或 [内接(I)]: 50
指定高度或 [两点(2P)/轴端点(A)/顶面半径(T)]: 100
```

选项说明如下。

① 指定底面的中心点或 [边(E)/侧面(S)]。

a. 边（E）。通过指定底面的边的两个端点来确定。

b. 侧面（S）。通过指定侧面数来构建多棱锥，如图 9-30（b）所示。

② 指定底面半径或 [内接(I)]。

通过该指令来设置底面的大小。

③ 指定高度或 [两点(2P)/轴端点(A)/顶面半径(T)]。

a. 两点（2P）。通过指定两点来确定高度。

b. 轴端点（A）。通过指定轴端点来确定等。

c. 顶面半径（T）。通过指定顶面半径来构建棱锥台，如图 9-30（c）所示。

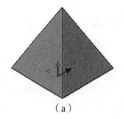 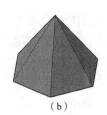 

（a）   （b）   （c）

图 9-30　构建棱锥体

8. 构建圆环体

（1）命令功能

构建圆环体。

（2）命令调用方式

① 菜单方式："绘图" | "建模" | "圆环体"。

② 命令行：torus。

（3）命令执行

通过指定中心点、半径、圆管半径来构建楔体，下面以构建如图 9-31 所示的圆环体为例说明。

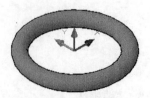

图 9-31　构建圆环体

```
命令: torus
指定中心点或 [三点(3P)/两点(2P)/切点、切点、半径(T)]:
指定半径或 [直径(D)] <54.2708>: 100
指定圆管半径或 [两点(2P)/直径(D)]: 15
```

选项说明如下。

① 指定中心点或 [三点(3P)/两点(2P)/切点、切点、半径(T)]。

a. 指定中心点。可以通过鼠标直接点取任一点、已经存在的点、输入点的坐标来确定中心点。

b. 三点（3P）。通过三点来确定圆环体底面圆。

c. 两点（2P）。通过直径的两端点来确定圆环体底面圆。

d. 切点、切点、半径（T）。通过指定与两个被相切的对象、半径来确定圆环体底面圆。

② 指定半径或 [直径(D)]。

通过该指令来设置圆环的大小。

③ 指定圆管半径或 [两点(2P)/直径(D)]。

通过指定圆管半径来构建圆环体。

9.3 三维复合实体创建

在 AutoCAD 中提供了三维基本形体绘图功能，用户还可以通过拉伸二维对象或将二维对象绕着指定的轴线旋转的方法生成三维实体。拉伸和旋转的二维对象封闭的多段线、矩形、多边形、圆、圆环、椭圆、封闭的样条曲线和面域等。

9.3.1 构建拉伸实体模型

1. 命令功能

将二维的闭合对象沿着指定的路径或者给定的高度和倾斜角拉伸成实体，但是不能拉伸包含块内的对象、有交叉或横断部分的多段线和非闭合的多段线等。

2. 命令调用方式

① 菜单方式："绘图" | "建模" | "拉伸"。

② 命令行: extrude。

3. 命令执行

通过选定二维截面外形以及指定拉伸的高度来构建拉伸实体，下面以构建如图 9-31 所示为例说明。

```
命令: extrude ✓ 当前线框密度: ISOLINES=4
```

选择要拉伸的对象： （选择拉伸的对象）

指定拉伸的高度或 [方向(D)/路径(P)/倾斜角(T)] <80.0000>: 80↙

选项说明如下。

① 选择要拉伸的对象。

选择欲拉伸的对象；选择完对象后按下回车键即可。

② 指定拉伸的高度或 [方向(D)/路径(P)/倾斜角(T)] <80.0000>。

a. 指定拉伸的高度。通过该指令使二维对象按照指定的拉伸高度生成三维实体。

b. 方向（D）。通过指定两个端点的方式来按照点的矢量来进行拉伸实体。

c. 倾斜角（T）。通过指定倾斜角度来拉伸实体如图 9-32（c）、（d）所示。

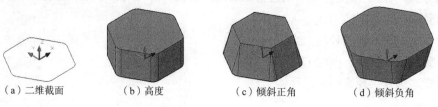

（a）二维截面　　　（b）高度　　　　（c）倾斜正角　　　　（d）倾斜负角

图 9-32　拉伸实体

d. 路径（P）。使二维对象沿指定路径拉伸成三维实体。选取该选项后，后续提示如下。

选择拉伸路径：

然后选择多段线作为拉伸的路径，命令结束后绘制的三维实体如图 9-33 所示。

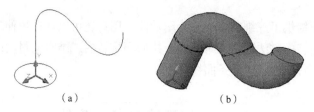

（a）　　　　　　　　　　　　　（b）

图 9-33　沿路径拉伸得到的实体

【例 9-1】将图 9-34 所示的平面图形通过拉伸形成三维实体，深度为 70mm，分别按照-15°、0°、15° 的倾斜角进行拉伸。

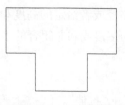

图 9-34　平面图形

具体操作步骤如下。

命令: extrude ↙ 当前线框密度： ISOLINES=4 　（选择拉伸对象）

选择要拉伸的对象: 找到 1 个↙

指定拉伸的高度或 [方向(D)/路径(P)/倾斜角(T)] <70.0000>: 70↙

重复执行 extrude 命令，分别按拉伸角度为-15°、15° 进行拉伸，如图 9-35 所示。

（a）拉伸倾斜角度为0°

（b）拉伸倾斜角度为–15°

（c）拉伸倾斜角度为15°

图 9-35　不同倾斜角的拉伸结果

9.3.2　构建旋转实体模型

1. 命令功能

将二维的闭合对象绕着指定的轴线旋转生成回转实体。二维对象可以是圆、椭圆、圆环、面域、样条曲线等。

2. 命令调用方式

① 菜单方式："绘图" | "建模" | "旋转"。

② 命令行：REVOLVE。

3. 命令执行

通过选定旋转对象以及旋转轴线来构建旋转实体，下面以构建如图9-35所示的实体为例说明。

```
命令：REVOLVE ✓　当前线框密度：ISOLINES=4　　　　　（选择旋转对象）
选择要旋转的对象：找到 1 个 ✓
指定轴起点或根据以下选项之一定义轴 [对象(O)/X/Y/Z] <对象>：
指定轴端点：
指定旋转角度或 [起点角度(ST)] <360>：360✓
```

选项说明如下。

① 指定轴起点或根据以下选项之一定义轴 [对象(O)/X/Y/Z] <对象>。

a. 指定轴起点。通过输入两点确定旋转轴，指定一点后继续提示：指定轴端点；

b. 对象（O）。以直线段或一段直的多段线作为旋转轴，当选中对象与旋转对象不平行时，系统将以该对象相对于旋转对象所在平面的投影作为三维实体的轴线。

c. X/Y/Z。以当前坐标系的 X、Y、Z 作为旋转轴，当被旋转对象不处于当前坐标系的 X、Y 平面时，系统将把 X 轴和 Y 轴旋转对象所在平面投影。，并以投影作为旋转轴。

② 指定旋转角度或 [起点角度(ST)] <360>。

通过指定旋转角度来设定产生的实体的结构形状，如图9-36 所示。

图 9-36　指定旋转角度

【**例 9-2**】将图 9-37 所示的平面图形按照指定的旋转轴旋转成三维实体，旋转角度为 180°、360°。

具体操作如下。

```
命令：_revolve  ✓     当前线框密度：ISOLINES=4    （选择旋转对象）
选择要旋转的对象：指定对角点：找到 1 个    ✓
指定轴起点或根据以下选项之一定义轴 [对象(O)/X/Y/Z] <对象>：
指定轴端点：
指定旋转角度或 [起点角度(ST)] <360>：180✓
```

重复上述操作后得到如图 9-38 所示的实体。

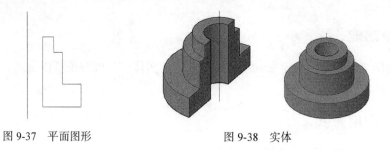

图 9-37　平面图形　　　　　　　　　　　图 9-38　实体

9.3.3　构建扫掠实体模型

1. 命令功能

通过沿开放或封闭的二维或三维路径扫掠开放或封闭的平面曲线来构建新的实体。

2. 命令调用方式

① 菜单方式："绘图" | "建模" | "扫掠"。
② 命令行：sweep。

3. 命令执行

通过选定扫掠对象以路径来构建扫掠实体，下面以构建如图 9-39 所示为例说明。

```
命令：sweep  当前线框密度：ISOLINES=4             （选择扫掠对象）
选择要扫掠的对象：找到 1 个 ✓
选择扫掠路径或 [对齐(A)/基点(B)/比例(S)/扭曲(T)]：
```

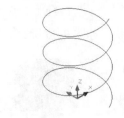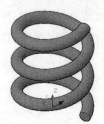

图 9-39　扫掠实体

9.3.4　构建放样实体模型

1. 命令功能

通过指定一系列横截面来构建新的实体或曲面。放样时必须至少指定两个横截面，开放的、封闭的都可以。

2. 命令调用方式

① 菜单方式："绘图"|"建模"|"放样"。
② 命令行：loft。

3. 命令执行

通过两个及以上的横截面以及导向曲线等来构建放样实体或曲面，下面以构建如图 9-39 所示的放样实体为例说明。

```
命令：loft
按放样次序选择横截面：找到 1 个
按放样次序选择横截面：找到 1 个，总计 2 个                    ✓
按放样次序选择横截面：
输入选项 [导向(G)/路径(P)/仅横截面(C)] <仅横截面>：g
选择导向曲线：找到 1 个，总计 8 个 ✓                  （一次选择八条曲线）
```

构建后的放样实体如图 9-40 所示。

图 9-40　放样实体

9.4 三维实体编辑

9.4.1　三维实体的倒角和圆角

1. 实体倒角

（1）命令功能

三维实体的倒角采用二维图形中的倒角命令。对三维实体进行倒角在三维实体表面相交处按指定的倒角距离生成一个新的平面及曲面。

（2）命令调用方法

① 菜单方式："修改" | "倒角"。

② 命令行：chamfer。

（3）命令执行

通过图 9-41 说明实体倒角。

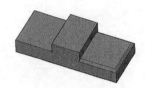

图 9-41　实体倒角

命令：chamfer　　（"修剪"模式）当前倒角距离 1 = 0.0000，距离 2 = 0.0000（选择相应的直线）

选择第一条直线或 [放弃(U)/多段线(P)/距离(D)/角度(A)/修剪(T)/方式(E)/多个(M)]：

基面选择...　　　　　　　　　　　　　　　　　✓

输入曲面选择选项 [下一个(N)/当前(OK)] <当前(OK)>：

指定基面的倒角距离：5

指定其他曲面的倒角距离 <5.0000>：5

选择边或 [环(L)]：选择边或 [环(L)]：✓

选项说明如下。

① 当命令行提示"选择第一条线"时，选择对象应该为需要倒角的两表面交线，接着提示如下。

基面选择...

输入曲面选择选项 [下一个(N)/当前(OK)] <当前(OK)>：

a．当前（OK）。以 Enter 键响应表示确认以当前显示的面作为基面。

b．下一个（N）。当输入"N"并按 Enter 键表示选择另一个面作为基面。接着提示如下。

输入曲面选择选项 [下一个(N)/当前(OK)] <当前(OK)>：

② 指定基面倒角的距离。

指定另一表面倒角距离：

③ 选择边或 [环(L)]。

a．选择边。只对基面上所选边进行倒角。

b．环（L）。对基面周围的边同时进行倒角。

2. 实体圆角

（1）命令功能

三维实体的圆角采用二维图形中的圆角命令。对三维实体进行圆角在三维实体表面相交处按指定的半径生成弧形曲面。

（2）命令调用方法

① 菜单方式："修改" | "圆角"。

② 命令行：fillet。

（3）命令执行

通过图9-41说明实体圆角。

命令: fillet 　　当前设置: 模式 = 修剪, 半径 = 5.0000
选择第一个对象或 [放弃(U)/多段线(P)/半径(R)/修剪(T)/多个(M)]: （选取需要倒圆角的边）
输入圆角半径 <5.0000>: 10
选择边或 [链(C)/半径(R)]:
已拾取到边。✓

完成如图9-42所示的圆角。

选项说明如下。

① 当选择完需要倒圆角的边后，接着提示如下。

输入圆角半径 <5.0000>:

② 选择边或 [链(C)/半径(R)]:

a. 选择边。以逐个选择边的方式产生圆角。在选择第一个边后，命令行反复出现上句提示，允许选择其他的边，回车后便生成圆角。

b. 链（C）。以选择链的形式产生圆角。

c. 半径（R）。表示重新确定圆角半径。

图9-42　实体倒圆角

9.4.2　三维实体的剖切和加厚

1.　实体剖切

（1）命令功能

用平面把三维实体剖开成两部分，可以选择保留其中的一部分或全部保留。

（2）命令的调用方法

① 菜单方式："修改" | "三维操作" | "剖切"。

② 命令行：slice。

（3）命令执行

命令: slice
选择要剖切的对象:
选择要剖切的对象: 找到 1 个　　　　　　　　　　　　　　　✓
指定切面的起点或 [平面对象(O)/曲面(S)/Z 轴(Z)/视图(V)/XY(XY)/YZ(YZ)/ZX(ZX)/三点(3)] <三点>:
指定平面上的第二个点:
在所需的侧面上指定点或 [保留两个侧面(B)] <保留两个侧面>:

完成如图9-43所示的剖切图。

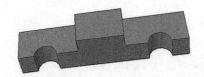

图 9-43 剖切效果图

选项说明如下。

（1）平面对象（O）

以被选对象构成的平面作为剖切平面。当选择该项后，接着提示如下。

选择用于评议剖切平面的圆、椭圆、圆弧、二维样条曲线或二维多段线：
在要保留的一侧指定点［保留两个侧面（B）：

① 在需要保留的一侧指定点。要求以剖切面为界，在保留部分的一边拾取一点，另一部分在屏幕上消失。

② 保留两侧（B）。表示将三维实体以剖切平面分割开后，两部分均保留下来。

（2）Z轴（Z）

指定两点确定剖切平面的位置和法线方向。执行该选项后继续提示如下。

指定剖切面上的点：
指定平面 Z 轴（法向）上的点：

在所需的侧面上指定点。

（3）视图（V）

表示剖切平面与当前视图平面平行且通过某一指定点。

（4）XY(XY)/YZ(YZ)/ZX(ZX)

表示剖切平面通过一指定点且平行于 XY 平面（或 YZ 平面、ZX 平面）。选取该项后，接着提示如下。

指定 YZ 平面上的点<0, 0, 0>：
在所需的侧面指定点：

（5）三点（3）

以三点的方式确定剖切平面。指定一点后，接着提示如下。

指定平面上的第二点：
指定平面上的第三点：
在所需的侧面上指定点［保留两个侧面（B）：

2. 实体加厚

（1）命令功能

通过把曲面和平面加厚来构建实体。

（2）命令的调用方法

① 菜单方式："修改"｜"三维操作"｜"加厚"。

② 命令行：Thicken。

（3）命令执行

命令：Thicken。

选择要加厚的曲面：找到 1 个 ✓

指定厚度 <50.0000>：60✓

完成如图 9-44 所示的实体。

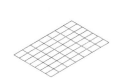

图 9-44　加厚命令生成实体

9.4.3　三维实体的基本操作

1.　三维移动

（1）命令功能

用于把三维实体在平面上自由移动。

（2）命令的调用方法

① 菜单方式："修改"｜"三维操作"｜"三维移动"。

② 命令行：3dmove。

（3）命令执行

命令：3dmove

选择对象：　　　　　　　　　　　　　　　　　　　　　　（选取移动对象）

选择对象：找到 1 个　　✓

指定基点或 [位移(D)] <位移>：

指定第二个点或 <使用第一个点作为位移>：

完成实体的移动如图 9-45 所示。

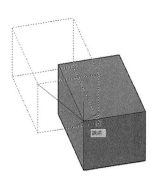

图 9-45　移动实体

2.　三维旋转

（1）命令功能

用于把三维实体绕着指定轴进行旋转。

（2）命令的调用方法

① 菜单方式："修改"｜"三维操作"｜"三维旋转"。

② 命令行：3drotate。

（3）命令执行

```
命令：3drotate        （UCS 当前的正角方向：ANGDIR=逆时针 ANGBASE=0）
选择对象：                                        （选取移动对象）
选择对象：找到 1 个 ✓
指定基点：
拾取旋转轴：
指定角的起点或键入角度：60✓
```

完成如图 9-46（c）所示的旋转。

（a）指定基点   （b）指定旋转轴   （c）旋转 60° 后的实体

图 9-45   三维旋转

3.   三维镜像

（1）命令功能

用于把三维实体通过指定的镜像平面进行镜像操作。

（2）命令的调用方法

① 菜单方式："修改"｜"三维操作"｜"三维镜像"。

② 命令行：mirror3d。

（3）命令执行

```
命令：mirror3d
选择对象：                                        （选取镜像对象）
选择对象：找到 1 个 ✓
指定镜像平面（三点）的第一个点或[对象(O)/最近的(L)/Z 轴(Z)/视图(V)/XY 平面(XY)/YZ 平面
(YZ)/ZX 平面(ZX)/三点(3)] <三点>：
在镜像平面上指定第二点：在镜像平面上指定第三点：
是否删除源对象？[是(Y)/否(N)] <否>：否
```

完成如图 9-46 所示的镜像实体。

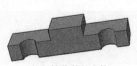 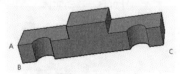 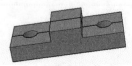

（a）镜像前的实体   （b）指定 A、B、C 三点   （c）镜像后的实体

图 9-46   三维镜像

4. 三维阵列

（1）命令功能

用于把三维实体通过矩形或环形进行多个三维实体的副本操作。

（2）命令的调用方法

① 菜单方式："修改"｜"三维操作"｜"三维阵列"。

② 命令行：3darray。

（3）命令执行

命令：3darray

选择对象：   （选取如图所示的小圆柱）

选择对象：找到 1 个✓

输入阵列类型 [矩形(R)/环形(P)] <矩形>:p

输入阵列中的项目数目：6

指定要填充的角度 (+=逆时针，-=顺时针) <360>：

旋转阵列对象？ [是(Y)/否(N)] <Y>：

指定阵列的中心点：   （选择下圆面的圆心）

指定旋转轴上的第二点：   （选择上圆面的圆心）

完成如图 9-48 所示的阵列实体。最后将图 9-47（c）进行布尔运算得到图 9-47（d）。

（a）   （b）   （c）   （d）

图 9-48　三维阵列

5. 三维旋转

（1）命令功能

用于把三维实体通过旋转夹点的方法绕着受约束的轴自由旋转。

（2）命令的调用方法

① 菜单方式："修改"｜"三维操作"｜"三维旋转"。

② 命令行：3drotate。

（3）命令执行

命令：3drotate   （UCS 当前的正角方向：ANGDIR=逆时针　ANGBASE=0.000）

选择对象：   （选择需要旋转的对象）

选择对象：找到 1 个 ✓

指定基点：   （如图 9-49（a）所示的基点）

拾取旋转轴：   （如图 9-49（b）所示的轴）

指定角的起点或键入角度：45✓

完成如图 9-49 所示的实体的旋转。

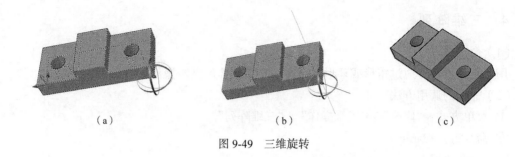

（a） （b） （c）

图 9-49 三维旋转

9.4.4 布尔运算

在 AutoCAD 2010 中可以通过对已有的实体进行并集、差集、交集等布尔运算来构建复杂的三维实体。

1. 布尔并集

（1）命令功能

用于把多个三维实体进行组合形成新的实体。

（2）命令的调用方法

① 菜单方式："修改" | "实体编辑" | "并集"。

② 命令行：union。

（3）命令执行

```
命令：union
选择对象：                                          （选择需要的对象）
选择对象：找到 1 个
选择对象：找到 1 个，总计 2 个↙
```

完成如图 9-50（b）所示的实体的旋转。

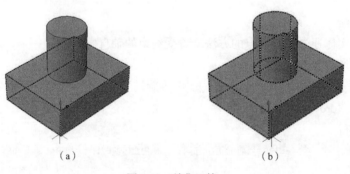

（a） （b）

图 9-50 并集运算

2. 布尔差集

（1）命令功能

用于把刀具实体去切割目标实体进行形成新的实体。

（2）命令的调用方法

① 菜单方式："修改"|"实体编辑"|"差集"。

② 命令行：subtract。

（3）命令执行

命令：subtract　　　　　选择要从中减去的实体、曲面和面域...

选择对象：　　　　　　　　　　　（选择需要的对象，如图 9-51（a）中的长方体）

选择对象：找到 1 个 ✓

选择对象：

选择要减去的实体、曲面和面域...　　（选择需要的对象，如图 9-51（b）中的圆柱体）

选择对象：找到 1 个 ✓

完成如图 9-51 所示的布尔差集运算。

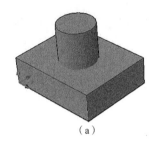 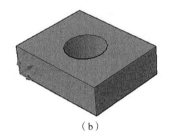

（a）　　　　　　　　　　　　　　　　　（b）

图 9-51　差集运算

3. 布尔交集

（1）命令功能

用于把多个实体公共部分留下来形成新的实体。

（2）命令的调用方法

① 菜单方式："修改"|"实体编辑"|"交集"。

② 命令行：intersect。

（3）命令执行

命令：intersect

选择对象：　　　　　　　　　　（依次选择需要的对象，如图 9-52（a）中的长方体、圆柱体）

选择对象：找到 1 个

选择对象：找到 1 个，总计 2 个 ✓

完成如图 9-52（b）所示的布尔交集运算。

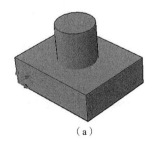 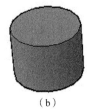

（a）　　　　　　　　　　　　　　　　　（b）

图 9-52　并集运算

9.4.5　三维实体面的操作

1．拉伸面

（1）命令功能

将选取的三维实体对象的面拉伸到指定的高度。

（2）命令的调用方法

菜单方式："修改" | "实体编辑" | "拉伸面"

（3）命令执行

系统提示如下。

选择面或 [放弃(U)/删除(R)]：　　　　　　（选取如图 9-53（a）所示中间的上表面）

选择面或 [放弃(U)/删除(R)]：找到一个面。↙

选择面或 [放弃(U)/删除(R)/全部(ALL)]：

指定拉伸高度或 [路径(P)]：50↙

指定拉伸的倾斜角度 <345.00>：0↙

完成如图 9-53（b）所示的拉伸面。

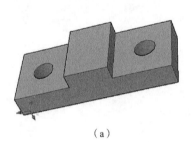 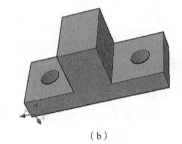

　　　　（a）　　　　　　　　　　　　　　　　　　（b）

图 9-53　拉伸面

2．移动面

（1）命令功能

将选取的三维实体对象的面沿着一定的方向进行移动。

（2）命令的调用方法

菜单方式："修改" | "实体编辑" | "移动面"。

（3）命令执行

系统提示如下。

选择面或 [放弃(U)/删除(R)]：　　　　　　（选取图 9-54（a）所示的小圆柱面）

选择面或 [放弃(U)/删除(R)]：找到一个面。↙

指定基点或位移：　　　　　　（选取图 9-54（a）中的小圆柱面的上圆心）

指定位移的第二点：　　　　　　（选取图中所示两条线的交点处）

完成如图 9-54（b）所示的移动面。

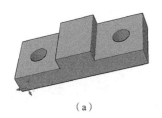 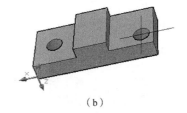

（a）　　　　　　　　　　　　　　（b）

图 9-54　移动面

3.　偏移面

（1）命令功能

将选取的三维实体对象的面按照指定的距离或通过指定的点均匀地偏移。

（2）命令的调用方法

菜单方式："修改"|"实体编辑"|"偏移面"。

（3）命令执行

系统提示如下。

> 选择面或 [放弃(U)/删除(R)]:　　　　　　　　　　（选取图 9-55（a）中的左台阶面）
>
> 选择面或 [放弃(U)/删除(R)]: 找到一个面。✓
>
> 选择面或 [放弃(U)/删除(R)/全部(ALL)]:
>
> 指定偏移距离: -20 ✓

完成如图 9-55（b）所示的偏移面。

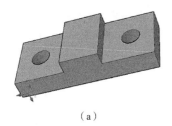 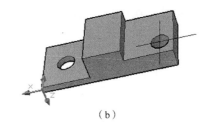

（a）　　　　　　　　　　　　　　（b）

图 9-55　偏移面

4.　复制面

（1）命令功能

将选取的三维实体对象的面复制为面域。

（2）命令的调用方法

菜单方式："修改"|"实体编辑"|"复制面"。

（3）命令执行

系统提示如下。

> 选择面或 [放弃(U)/删除(R)]:　　　　　　　　　　（选取图 9-56（a）中的右台阶面）
>
> 选择面或 [放弃(U)/删除(R)]: 找到一个面。✓
>
> 选择面或 [放弃(U)/删除(R)/全部(ALL)]:
>
> 指定基点或位移:　　　　　　　　　　　　　　　　　　（选取一参照点）

指定位移的第二点：✓

完成如图 9-56 所示的复制面。

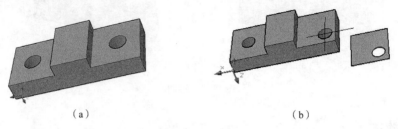

（a）   （b）

图 9-56　复制面

5．旋转面

（1）命令功能

将选取的三维实体对象的面绕着指定的轴旋转。

（2）命令的调用方法

菜单方式："修改" | "实体编辑" | "旋转面"。

（3）命令执行

系统提示如下。

选择面或 [放弃(U)/删除(R)]:　　　　　　　（选取图 9-57（a）中的中间台阶面）
选择面或 [放弃(U)/删除(R)]: 找到一个面。✓
选择面或 [放弃(U)/删除(R)/全部(ALL)]:
指定轴点或 [经过对象的轴(A)/视图(V)/X 轴(X)/Y 轴(Y)/Z 轴(Z)] <两点>:
在旋转轴上指定第二个点: ✓
指定旋转角度或 [参照(R)]: 45✓

完成如图 9-57 所示的复制面。

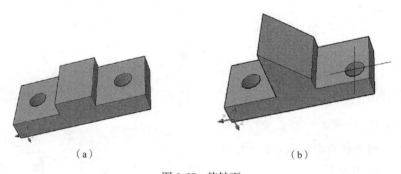

（a）   （b）

图 9-57　旋转面

6．复制边

（1）命令功能

将选取的三维实体对象的面上复制出选定的边。

（2）命令的调用方法

菜单方式："修改" | "实体编辑" | "复制边"。

（3）命令执行

系统提示如下。

选择边或 [放弃(U)/删除(R)]：✓　　　　（依次选取图 9-58（a）中需要复制的边）
指定基点或位移：
指定位移的第二点：✓

完成如图 9-58 所示的复制面。

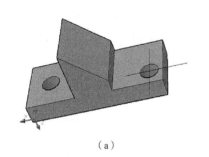

（a）

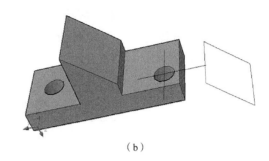

（b）

图 9-58　复制边

7. 抽壳

（1）命令功能

将选取的三维实体对象按指定的厚度构建为壳体。

（2）命令的调用方法

菜单方式："修改"|"实体编辑"|"抽壳"。

（3）命令执行

系统提示如下。

选择三维实体：　　　　　　　　　　　　　（选取图 9-59（a）中的长方体）
删除面或 [放弃(U)/添加(A)/全部(ALL)]：　　　　　　　（选取需要抽取的面）
删除面或 [放弃(U)/添加(A)/全部(ALL)]：找到一个面，已删除 1 个。
删除面或 [放弃(U)/添加(A)/全部(ALL)]：找到一个面，已删除 1 个。✓
输入抽壳偏移距离：15✓

完成如图 9-59 所示的抽壳。

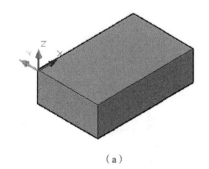

（a）

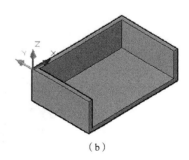

（b）

图 9-59　抽壳

9.5 三维实体创建综合应用

AutoCAD 主要用于绘制各种工程技术图样，比如机械、建筑工程图等。结合前面的知识可知，AutoCAD 可以方便地构建三维立体模型，在机械产品的加工工程中，还可以根据三维实体模型实现计算机辅助加工。

9.5.1 构建实体模型 1

按照图 9-60（a）中所示尺寸，构建如图 9-60（b）所示的实体模型，通过绘制此图形，掌握构建复杂实体模型的方法及技巧。

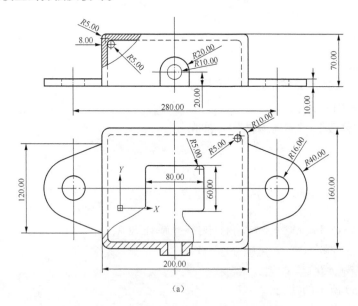

（a）

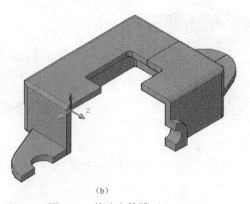

（b）

图 9-60　构造实体模型

绘图步骤如下。

1. 新建一张图纸

设置实体层和辅助线层，同时将视图调整为西南等轴测方向。

2. 创建长方体

依次选择"绘图"|"建模"|"长方体"。

```
命令：_box
指定第一个角点或 [中心(C)]：0,0
指定其他角点或 [立方体(C)/长度(L)]：l ✓
指定长度：200✓
指定宽度：160✓
指定高度或 [两点(2P)] <-120.0000>：70✓
```

完成如图 9-61 所示的长方体。

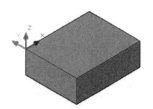

图 9-61　创建长方体

3. 实体倒圆角

依次选择"修改"|"圆角"。

```
命令：_fillet
当前设置：模式 = 修剪，半径 = 0.0000
选择第一个对象或 [放弃(U)/多段线(P)/半径(R)/修剪(T)/多个(M)]：r
指定圆角半径 <0.0000>：10
选择第一个对象或 [放弃(U)/多段线(P)/半径(R)/修剪(T)/多个(M)]：✓
选择边或 [链(C)/半径(R)]：
选择边或 [链(C)/半径(R)]：
选择边或 [链(C)/半径(R)]：✓
```

已选定 4 个边用于圆角。

完成如图 9-62 所示的圆角。

图 9-62　实体倒圆角

4. 抽壳（构建内腔）

依次选择"修改"|"实体编辑"|"抽壳"。

```
命令: _solidedit
实体编辑自动检查: SOLIDCHECK=1
输入实体编辑选项 [面(F)/边(E)/体(B)/放弃(U)/退出(X)] <退出>: _body
输入体编辑选项
[压印(I)/分割实体(P)/抽壳(S)/清除(L)/检查(C)/放弃(U)/退出(X)] <退出>: _shell
选择三维实体:                                          （选择实体）
删除面或 [放弃(U)/添加(A)/全部(ALL)]: ✓              （选择长方体的上表面）
输入抽壳偏移距离: 8
已开始实体校验。
已完成实体校验。
```

完成如图 9-63 所示的抽壳操作。

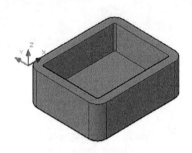

图 9-63　抽壳操作

5. 构建耳板

（1）绘制耳板的二维截面模型

绘制二维截面模型，并产生两个面域，如图 9-64 所示。

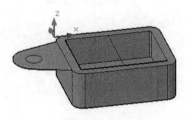

图 9-64　面域

（2）拉伸耳板

依次选择"绘图"|"建模"|"拉伸"。

```
命令: _extrude
当前线框密度: ISOLINES=4
选择要拉伸的对象: 找到 1 个                           （选择大面域）
选择要拉伸的对象: 找到 1 个, 总计 2 个               （选择小面域）✓
选择要拉伸的对象:
```

指定拉伸的高度或 [方向(D)/路径(P)/倾斜角(T)] <10.0000>: -8

完成如图 9-65 所示的图形。

（3）布尔运算

依次选择"修改"|"实体编辑"|"差集"。

命令: _subtract 选择要从中减去的实体、曲面和面域...

选择对象: 找到 1 个✓

选择对象:

选择要减去的实体、曲面和面域...

选择对象: 找到 1 个✓

完成如图 9-66 所示的图形。

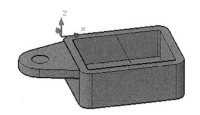

图 9-65　拉伸耳板

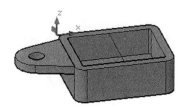

图 9-66　布尔运算

（4）构建另一侧的耳板

依次选择"修改"|"三维操作"|"三维镜像"。

命令: _mirror3d　　　　　　　　　　　　　　　　　　　　　　（选择耳板）

选择对象: 找到 1 个　✓

选择对象:

指定镜像平面（三点）的第一个点或[对象(O)/最近的(L)/Z 轴(Z)/视图(V)/XY 平面(XY)/YZ 平面(YZ)/ZX 平面(ZX)/三点(3)] <三点>:　　　　　　　　　　（选取镜像平面第一点）

在镜像平面上指定第二点: 在镜像平面上指定第三点: （选取镜像平面第二点、第三点）

是否删除源对象? [是(Y)/否(N)] <否>:✓

完成如图 9-67 所示的图形。

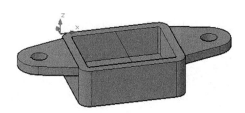

图 9-67　构建另一侧耳板

（5）布尔运算

依次选择"修改"|"实体编辑"|"并集"。

命令: _union

选择对象: 找到 1 个

选择对象: 找到 1 个, 总计 2 个

选择对象: 找到 1 个, 总计 3 个✓

6. 旋转三维实体

依次选择"修改"|"三维操作"|"三维旋转"。

命令：_3drotate
UCS 当前的正角方向：ANGDIR=逆时针 ANGBASE=0.00
选择对象：找到 1 个✓
指定基点：   （选取如图 9-68 所示的基点）
拾取旋转轴：   （选取如图 9-69 所示的旋转轴）
指定角的起点或键入角度：180✓

完成如图 9-70 所示的图形。

图 9-68 旋转基点

图 9-69 旋转轴

图 9-70 旋转三维实体

7. 构建顶盖的孔

（1）建立坐标系
以上箱盖的一个边的端点为坐标原点，如图 9-71 所示。
（2）绘制孔的轮廓
通过直线命令、圆角命令完成如图 9-72 所示的截面模型。同时构建面域。

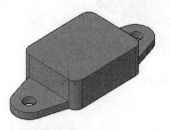

图 9-71 建立坐标系

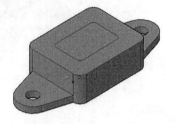

图 9-72 绘制孔的轮廓

（3）拉伸实体
依次选择"绘图"|"建模"|"拉伸"。

命令：_extrude
当前线框密度：ISOLINES=4   （选择构建的孔的面域）

选择要拉伸的对象：找到 1 个✓

指定拉伸的高度或 [方向(D)/路径(P)/倾斜角(T)] <-8.0000>: 8✓

（4）布尔差集

依次选择"修改"|"实体编辑"|"差集"。

命令：_subtract 选择要从中减去的实体、曲面和面域... （选择箱体）

选择对象：找到 1 个✓

选择要减去的实体、曲面和面域... （选择产生的孔的实体）

选择对象：找到 1 个✓

完成如图 9-73 所示的图形。

图 9-73 布尔差集

8. 构建前表面凸台

（1）构建面域

按照图中尺寸绘制凸台轮廓线，构建面域，如图 9-74 所示。

（2）拉伸凸台

依次选择"绘图"|"建模"|"拉伸"。

命令：_extrude

当前线框密度：ISOLINES=4 （选择构建的凸台轮廓的面域）

选择要拉伸的对象：找到 1 个✓

指定拉伸的高度或 [方向(D)/路径(P)/倾斜角(T)] <-8.0000>: 10✓

完成如图 9-75 所示的凸台。

图 9-74 构建面域   图 9-75 拉伸凸台

（3）构建凸台孔

① 建立坐标系，构建 R10mm 的圆。

② 拉伸实体。

命令：_extrude

当前线框密度：ISOLINES=4 （选择构建的圆）

选择要拉伸的对象：找到 1 个✓

指定拉伸的高度或 [方向(D)/路径(P)/倾斜角(T)] <-8.0000>: 18✓

完成如图 9-76 所示的内圆柱。

图 9-76　构建凸台孔

（4）布尔运算

依次选择"修改"|"实体编辑"|"交集"。

命令：_union	（选择箱体）
选择对象：找到 1 个	（选择凸台）
选择对象：找到 1 个，总计 2 个↙	

依次选择"修改"|"实体编辑"|"差集"。

命令：_subtract 选择要从中减去的实体、曲面和面域...	（选择箱体）
选择对象：找到 1 个↙	
选择对象：	
选择要减去的实体、曲面和面域...	（选择圆柱）
选择对象：找到 1 个↙	

完成如图 9-77 所示的图形。

图 9-77　布尔运算

9.　剖切

（1）沿着长度方向剖切

首先定位坐标系，将坐标系原点设在上表面生如图 9-78 所示。

图 9-78　定位坐标系

依次选择"修改"|"三维操作"|"剖切"。

命令：_slice（选择箱体）
选择要剖切的对象：找到 1 个↙
指定切面的起点或 [平面对象(O)/曲面(S)/Z 轴(Z)/视图(V)/XY(XY)/YZ(YZ)/ZX(ZX)/三点(3)] <三点>: xy↙
指定 XY 平面上的点 <0,0,0>:（选择图中的原点）
在所需的侧面上指定点或 [保留两个侧面(B)] <保留两个侧面>: B

完成如图 9-79 所示的剖切。

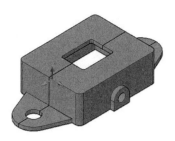

图 9-79　沿长度方向剖切

（2）沿着宽度方向剖切

命令：_slice（选择前面的一半的实体）
选择要剖切的对象：找到 1 个↙
指定切面的起点或 [平面对象(O)/曲面(S)/Z 轴(Z)/视图(V)/XY(XY)/YZ(YZ)/ZX(ZX)/三点(3)] <三点>:
指定平面上的第二个点：
在所需的侧面上指定点或 [保留两个侧面(B)] <保留两个侧面>:（点击需要保留的一侧）

完成如图 9-80 所示的剖切。

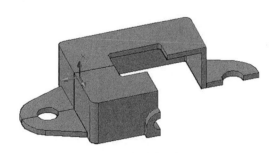

图 9-80　沿宽度方向剖切

9.5.2　构建实体模型 2

按照图 9-81（a）中所示尺寸，构建如图 9-81（b）所示的实体模型，通过绘制此图形，掌握构建复杂实体模型的方法及技巧。

操作步骤如下。

1. 新建一张图纸

设置实体层和辅助线层，同时将视图调整为西南等轴测方向。

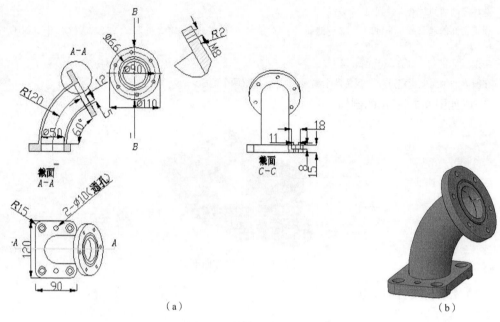

（a）　　　　　　　　　　　　　　　　　　　　　　　（b）

图 9-81　构建实体模型

2. 构建底座

构建如图 9-82 所示的底座的截面外形，同时构建面域。

3. 拉伸实体

命令：_extrude
当前线框密度：ISOLINES=4
选择要拉伸的对象：指定对角点：找到 1 个
选择要拉伸的对象：
指定拉伸的高度或 [方向(D)/路径(P)/倾斜角(T)] <90.0000>：

完成如图 9-83 所示的图形。

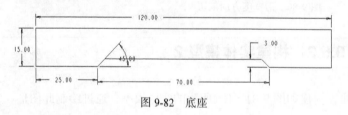

图 9-82　底座

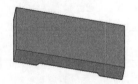

图 9-83　拉伸实体

4. 倒圆角 *R*15

命令：_fillet
当前设置：模式 = 修剪，半径 = 0.0000
选择第一个对象或 [放弃(U)/多段线(P)/半径(R)/修剪(T)/多个(M)]：
输入圆角半径：15

选择边或 [链(C)/半径(R)]:
选择边或 [链(C)/半径(R)]:
选择边或 [链(C)/半径(R)]:
选择边或 [链(C)/半径(R)]:

已选定 4 个边用于圆角。

完成如图 9-84 所示的图形。

5. 构建沉头孔

用拉伸的方式和布尔求差来进行构建。

① 建立坐标系如图 9-85 所示。

图 9-84　倒圆角

图 9-85　建立坐标系

命令: _ucs
当前 UCS 名称: *没有名称*
指定 UCS 的原点或 [面(F)/命名(NA)/对象(OB)/上一个(P)/视图(V)/世界(W)/X/Y/Z/Z 轴(ZA)] <世界>: _o
指定新原点 <0,0,0>:

② 建立直径为 18 的圆。

命令: _circle 指定圆的圆心或 [三点(3P)/两点(2P)/切点、切点、半径(T)]:
指定圆的半径或 [直径(D)] <5.5000>: 9

③ 拉伸实体，深度为 8。

命令: _extrude
当前线框密度: ISOLINES=4
选择要拉伸的对象: 找到 1 个
选择要拉伸的对象:
指定拉伸的高度或 [方向(D)/路径(P)/倾斜角(T)] <-48.8082>: -8

④ 布尔运算。

命令: _subtract 选择要从中减去的实体、曲面和面域...
选择对象: 找到 1 个
选择对象:
选择要减去的实体、曲面和面域...
选择对象: 找到 1 个

⑤ 建立新的坐标系如图 9-86 所示。

⑥ 建立直径为 11 的圆。

⑦ 拉伸实体，沿着负方向，深度为-10。

命令: _extrude
当前线框密度: ISOLINES=4

选择要拉伸的对象：找到 1 个

选择要拉伸的对象：

指定拉伸的高度或 [方向(D)/路径(P)/倾斜角(T)] <-8.0000>: -10

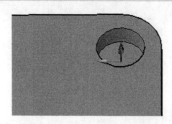

图 9-86　建立新的坐标系

⑧ 布尔运算，完成如图 9-87 所示的沉头孔。

重复前述的操作步骤完成其他三个沉头孔，如图 9-88 所示。

图 9-87　完成一个沉头孔

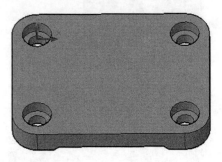

图 9-88　完成四个沉头孔

6. 构建直径为 11 的销孔

通过拉伸，布尔运算完成，如图 9-89 所示的销孔。

7. 钻中间直径为 50 的孔

通过拉伸实体和布尔运算完成，如图 9-90 所示。

图 9-89　完成销孔

图 9-90　钻中间孔

8. 绘制管道轨迹线

轨迹线要求半径为 120、角度为 60° 的圆弧，如图 9-91 所示。在底座的上表面绘制半径为 25 和 30 的两个圆如图 9-92 所示。构建两个圆的面域差如图 9-93 所示。

图 9-91 绘制轨迹线   图 9-92 绘制两个圆   图 9-93 构建面域差

9. 扫掠实体

以创建的面域作为截面，以半径为 120 的圆弧为扫掠路径，完成如图 9-94 所示的实体。

```
命令: _sweep
当前线框密度: ISOLINES=4
选择要扫掠的对象: 找到 1 个
选择要扫掠的对象:
选择扫掠路径或 [对齐(A)/基点(B)/比例(S)/扭曲(T)]:
命令: _subtract 选择要从中减去的实体、曲面和面域...
选择对象: 找到 1 个
选择对象:
选择要减去的实体、曲面和面域...
选择对象: 找到 1 个
```

10. 管道上表面构建实体

① 建立坐标系在管道的上表面。首先在管道上表面通过象限点来绘制两条直线，然后通过坐标系指令绘制如图 9-95 所示的坐标系。

图 9-94 完成实体   图 9-95 绘制坐标系

② 绘制面域。构建半径为 55、25 的两个圆，同时构建面域，布尔求差集。完成如图 9-96 所示。

③ 拉伸实体深度为 12，完成如图 9-97 所示的实体。

11. 构建上拉伸表面的六个直径为 8 的孔

① 构建半径为 45 的圆作为孔的定位尺寸。

② 在 0° 象限点处构建直径为 8 的圆，如图 9-98 所示。

③ 阵列直径为 8 的圆，如图 9-99 所示。

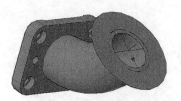

图 9-96　绘制面域

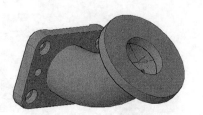

图 9-97　拉伸实体

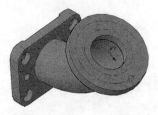

图 9-98　构建直径为 8 的圆

图 9-99　阵列直径为 8 的圆

④ 构建六个孔。

首先拉伸直径为 12 的孔。

```
命令：_extrude
当前线框密度：ISOLINES=4
选择要拉伸的对象：找到 1 个
选择要拉伸的对象：找到 1 个，总计 2 个
选择要拉伸的对象：找到 1 个，总计 3 个
选择要拉伸的对象：找到 1 个，总计 4 个
选择要拉伸的对象：指定对角点：找到 0 个
选择要拉伸的对象：找到 1 个，总计 5 个
选择要拉伸的对象：找到 1 个，总计 6 个
指定拉伸的高度或 [方向(D)/路径(P)/倾斜角(T)] <12.0000>：-12
```

然后布尔求差运算，完成如图 9-100 所示的图形。

图 9-100　构建 6 个孔

12.　构建上表面的圆弧槽

首先在拉伸实体的上表面构建半径为 33 的圆。

然后新建坐标系，绘制半径为 2 的圆，如图 9-101 所示。

扫掠实体：以半径为 33 的圆为路径，以半径为 2 的圆为截面进行扫掠。

```
命令：_sweep
当前线框密度：ISOLINES=4
```

选择要扫掠的对象：找到 1 个

选择要扫掠的对象：

选择扫掠路径或 [对齐(A)/基点(B)/比例(S)/扭曲(T)]：

最后布尔求差运算。

完成如图 9-102 所示的实体。

图 9-101　绘制半径为 2 的圆

图 9-102　完成后的实体

第10章

图形输出与打印

【学习目标】

通过本章的学习，掌握由模型空间出图和由图纸空间出图的方法以及打印参数的设置。

【本章重点】

掌握模型空间和图纸空间的概念，布局的创建与设置。

掌握浮动视口的使用方法。

掌握图形的输入和输出方法。

【本章难点】

图纸空间的概念、布局的创建与设置、浮动视口的使用方法。

10.1

模型空间与图纸空间

在 AutoCAD 中有两个工作空间，分别是模型空间和图纸空间。通常在模型空间 1：1 进行设计绘图；为了与其他设计人员交流、进行产品生产加工，或者工程施工，需要输出图纸，这就需要在图纸空间进行排版，即规划视图的位置与大小，将不同比例的视图安排在一张图纸上并对它们标注尺寸，给图纸加上图框、标题栏、文字注释等内容，然后打印输出。可以说，模型空间是设计空间，而图纸空间是表现空间。

10.1.1 模 型 空 间

模型空间中的"模型"是指在 AutoCAD 中用绘制与编辑命令生成的代表现实世界物体的对象，而模型空间是建立模型时所处的 AutoCAD 环境，可以按照物体的实际尺寸绘制、编辑二维或三维图形，也可以进行三维实体造型，还可以全方位地显示图形对象，它是一个三维环境。因此人们使用 AutoCAD 首先是在模型空间工作。在模型空间中，用户可以创建多个不重叠的（平铺）视口来展示图形的不同视图。如果图形不需要打印多个视口，可以直接在模型空间中打印图形。

当启动 AutoCAD 后，默认处于模型空间，绘图窗口下面的"模型"卡是激活的；而图纸空间是未被激活的。

10.1.2　图　纸　空　间

图纸空间的"图纸"与真实的图纸相对应，图纸空间是设置、管理视图的 AutoCAD 环境。在图纸空间可以按模型对象的不同方位显示视图，按合适的比例在"图纸"上表示出来。在 AutoCAD 中，图纸空间是以布局的形式来表现的。一个图形文件可以包含多个布局，每个布局代表一张单独的打印输出图纸，它主要用于标注图形、添加标题栏和明细表、添加注释、图形排列、创建最终的打印布局，而不用于绘图或设计工作。

通过移动或改变视口的尺寸，可在图纸空间中排列视图。在图纸空间中，视口被作为对象来看待，并且可用 AutoCAD 的编辑命令对其进行编辑。这样就可以在同一张图纸上进行不同视图的放置和绘制。每个视口能展现模型不同部分的视图或不同视点的视图。

模型空间中的三维对象在图纸空间中是用二维平面上的投影来表示的，因此它是一个二维环境。

10.1.3　布　　　局

所谓布局，相当于图纸空间环境。一个布局就是一张图纸，并提供预置的打印页面设置。在布局中，可以创建和定位视口，并生成图框、标题栏等。利用布局可以在图纸空间方便快捷地创建多个视口来显示不同的视图，而且每个视图都可以有不同的显示缩放比例、冻结指定的图层。

在一个图形文件中模型空间只有一个，而布局可以设置多个。这样就可以用多张图纸多侧面地反映同一个实体或图形对象。例如，将在模型空间绘制的装配图拆成多张零件图，或将某一工程的总图拆成多张不同专业的图纸。

10.1.4　模型空间与图纸空间的切换

在实际工作中，常需要在图纸空间与模型空间之间作相互切换。切换方法很简单，单击绘图区域下方的布局及模型选项卡即可。

10.2
在模型空间中打印图纸

如果仅仅是创建具有一个视图的二维图形，则可以在模型空间中完整创建图形并对图形进行注释，并且直接在模型空间中进行打印，而不使用布局选项卡。这是使用 AutoCAD 创建图形的传统方法。

启用"打印"命令，可以使用下列几种方法之一。

① 命令行：PLOT。

② 菜单栏："文件"|"打印"。

③ 功能区："输出"选项卡|"打印"面板|"打印"按钮🖨。

④ 工具栏："快速访问"工具栏|"打印"按钮🖨。

⑤ 工具栏："标准"|"打印"按钮🖨。

操作步骤如下。

命令：_PLOT

用上述方法之一启动命令后，AutoCAD 会弹出如图 10-1 所示的"打印—模型"对话框。利用该对话框可进行打印设置。

图 10-1 "打印-模型"对话框

选项说明如下。

1. "页面设置"列表框

页面设置选项区域保存了打印时的具体设置，可以将设置好的打印方式保存在页面设置文件中，供打印时调用。在此对话框中做好设置后，单击"添加"按钮，给出名字，就可以将当前的打印设置保存到命名页面设置中。

2. "打印机/绘图仪"选项区

打印机/绘图仪选项区域设定打印的设备，如果计算机中安装了打印机或者绘图仪，可以选择它，如果没有安装，可以选择虚拟的电子打印机"DWF6 ePlot.pe3"，将图纸打印到 DWF 文件中。单击"特性"按钮，可以打开如图 10-2 所示的"绘图仪配置编辑器"对话框。此对话框可以对打印机或绘图仪的一些物理特性进行设置。

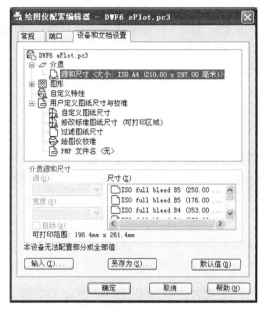

图 10-2 "绘图仪配置编辑器"对话框

3. "图纸尺寸"列表框

在"图纸尺寸"下拉列表中，确认图纸的尺寸；在"打印份数"编辑框中确定打印份数。

如果选定了某种打印机，AutoCAD 会将此打印机驱动中的图纸信息自动调入"图纸尺寸"下拉列表中供用户选择。

如果需要的图纸尺寸不在列表中，可以自定义图纸尺寸，方法是在如图 10-2 所示的"绘图仪配置编辑器"对话框中选择"自定义图纸尺寸"，但是要注意，自定义的图纸尺寸不能大于打印机所支持的最大图纸幅面。

4. "打印区域"列表框

在"打印区域"选项中确定打印范围，默认设置为"布局"（当"布局"选项卡激活时），或为"显示"（当"模型"选项卡激活时）。

（1）布局/图形界限

打印布局时，将打印可打印区域内的所有内容，其原点从布局中的原点（0，0）点计算得出。从"模型"选项卡打印时将打印栅格界限定义的整个图形区域。

（2）显示

打印"模型"选项卡上当前视口中的视图或"布局"选项卡上当前图纸空间视图中的视图。

（3）范围

将当前空间内的所有几何图形进行打印。

（4）窗口

打印指定的图形部分。选择该选项时系统将返回绘图界面，要求指定打印区域的两个角点，指定后界面将出现"窗口"按钮，通过该按钮可以对打印区域进行修改。

5. "打印比例"选项区

在"打印比例"选项区域的"比例"下拉列表中选择标准缩放比例，或在下面的编辑框中输入自定义值。

通常，线宽用于指定对象图线的宽度，并按其宽度进行打印，与打印比例无关。若按打印比例缩放线宽，需选择"缩放线宽"复选框。

6. "打印偏移"选项区

在"打印偏移"选项区域内输入 X、Y 偏移量，以确定打印区域相对于图纸原点的偏移距离；若要选中"居中打印"复选框，则 AutoCAD 可以自动计算偏移值，并将图形居中打印。

7. "打印样式表"列表框

在"打印样式表"下拉列表中选择所需要的打印样式表，单击右边的"编辑按钮 "可以打开"打印样式表编辑器"对话框如图 10-3 所示。在该对话框中可以编辑有关参数。

图 10-3 "打印样式表编辑器"对话框

8. "着色视口选项"选项区

该选项区指定着色和渲染视口的打印方式，并确定它们的分辨率大小和 DPI 值。使用着色打印可以打印着色三维图像或渲染三维图像，还可以使用不同的着色选项和渲染选项设置多个视口。"着色打印"列表框用于指定视图的打印方式。"质量"列表框用于指定着色和渲染视口的打印质量。"DPI"文本框用于指定渲染和着色视图每英寸的点数，最大可为当前打印设备分辨率的最大值。只有在"质量"列表框中选择了"自定义"后，此选项才可用。

9. "打印选项"选项组

在"打印选项"选项区域，选择或消除"打印对象线宽"复选框，以控制是否按线宽打印图线的宽度。若选中"按样式打印"复选框，则使用为布局或视口指定的打印样式进行打印。通常情况下，图纸空间布局的打印优先于模型空间的图形，若选中"最后打印图纸空间"复选框，则先打印模型空间图形。若选中"隐藏图纸空间对象"复选框，则打印图纸空间中删除了对象隐藏线的布局。若选中"打开打印戳记"复选框则在其右边出现"打印戳记设置..."图标按钮；打印戳记是添加到打印图纸上的一行文字（包括图形名称、布局名称、日期和时间等）。单击这一按钮，打开"打印戳记"对话框，如图 10-4 所示，可以为要打印的图纸设计戳记的内容和位置，打印戳记可以保存到（*.pss）打印戳记参数文件中供以后调用。如果在正式出图纸前要出几次检查图，可以将打印戳记中的日期和时间打开，这样在多次修改后可以了解修改的先后顺序。

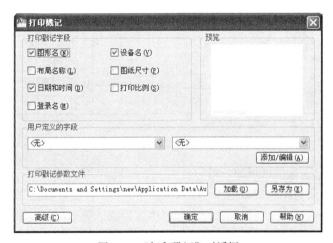

图 10-4 "打印戳记"对话框

10. "图形方向"选项区

在"图形方向"选项区域确定图形在图纸上的方向，以及是否"反向打印"。

【例 10-1】绘制图 10-5 所示"螺杆"零件图，并在模型空间中进行打印。

操作步骤如下。

① 绘制如图 11-5"螺杆"零件图。

② 单击工具栏："标准"|"打印"按钮，弹出"打印-模型"对话框。

③ 在"打印机/绘图仪"选项区域的"名称"下拉列表中选择打印机，如果计算机上真正安装了一台打印机，则可以选择此打印机，如果没有安装打印机，则选择 AutoCAD 提供的一个虚拟的电子打印机"DWF6 ePlot.pc3"。

④ 在"图纸尺寸"选项区域的下拉列表中选择纸张的尺寸，这些纸张都是根据打印机的硬件信息列出的。如果在第③步选择了电子打印机"DWF6 ePlot.pc3"，则在此选择"ISO full bleed

A3（420.00mm×297.00mm）"，这是一个全尺寸的 A3 图纸。

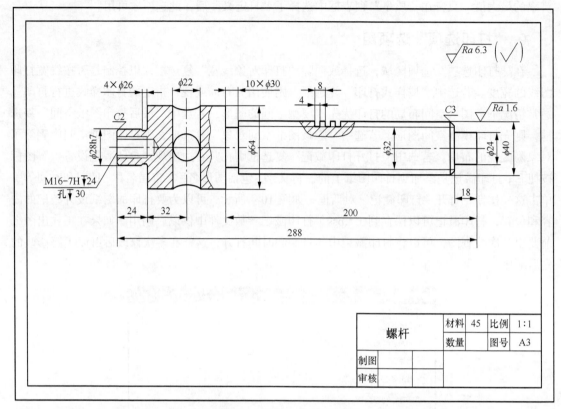

图 10-5 "螺杆" 零件图

⑤ 在"打印区域"选项区域的"打印范围"下拉列表中选择"窗口"，此选项将会切换到绘图窗口供用户选择要打印的窗口范围，确保激活了"对象捕捉"中的"端点"，选择图形的左上角点和右下角点，将整个图纸包含在打印区域中，勾选"居中打印"。

⑥ 去掉"打印比例"选项区域的"布满图纸"复选框的选择，在"比例"下拉列表中选择"1∶1"，这个选项保证打印出的图纸是规范的 1∶1 工程图，而不是随意的出图比例。当然，如果仅仅是检查图纸，可以使用"布满图纸"选项以最大化地打印出图形来。

⑦ 在"打印样式表"选项区域的下拉列表中选择"monochrome.ctb"，此打印样式表可以将所有颜色的图线都打印成黑色，确保打印出规范的黑白工程图纸，而非彩色或灰度的图纸。

⑧ 在"图形方向"选项区选择"横向"打印，最后的打印设置如图 10-6 所示。此时如果单击"页面设置"选项区域的"添加"按钮，将弹出"添加页面设置"对话框，输入一个名字，就可以将这些设置保存到一个命名页面设置文件中，以后打印的时候可以在"页面设置"选项区域的"名称"下拉列表中选择调用，这样就不需要每次打印时都进行设置了。

⑨ 单击"预览"按钮，可以看到即将打印出来图纸的样子，在预览图形的右键菜单中选择"打印"选项，或者在"打印-模型"对话框单击"确定"按钮开始打印。由于选择了虚拟的电子打印机，此时会弹出"浏览打印文件"对话框提示将电子打印文件保存到何处，选择合适的目录后单击"保存"按钮，打印便开始进行，打印完成后，右下角状态栏托盘中会出现"完成打印和作业发布"气泡通知，单击此通知会弹出"打印和发布信息"对话框，里面详细地记录

了打印作业的具体信息。这时可以到存储目录里面去查看打印的结果，它是一个名称为"螺杆-Model.dwf"的电子文档。

图 10-6　模型空间打印设置

通过上面的步骤，可以大致归纳出模型空间中打印是比较简单的，但是却有很多局限，使用此方法，通常以实际比例 1 : 1 绘制图形几何对象，并用适当的比例创建文字、标注和其他注释，以在打印图形时正确显示大小。对于非 1 : 1 出图，常常会遇到标注文字、线型比例等诸多问题，比如模型空间中绘制 1 : 1 的图形想要以 1 : 10 的比例出图，在注写文字和标注的时候就必须将文字和标注放大 10 倍，线型比例也要放大 10 倍才能在模型空间中正确地按照 1 : 10 的比例打印出标准的工程图纸。这一类问题如果使用图纸空间出图便迎刃而解。

10.3

在图纸空间中打印图纸

图纸空间在 AutoCAD 中的表现形式就是布局，想要通过图纸空间输出图形，首先要创建布局，然后在布局中打印出图。

10.3.1　创 建 布 局

在 AutoCAD 2010 中，创建布局的方法主要有以下几种。

① 命令行：LAYOUT。

② 菜单栏："插入" | "布局" | "新建布局"。

③ 菜单栏："插入" | "布局" | "来自样板的布局"。

④ 菜单栏："插入"|"布局"|"创建布局向导"。

⑤ 工具栏："布局"工具栏|"新建布局"按钮 。

⑥ 工具栏："布局"工具栏|"来自样板的布局"按钮 。

⑦ 右击布局选项卡，在弹出的快捷菜单里面选择"新建布局"或"来自样板"创建布局。

【例 10-2】为图 10-7 所示"螺杆"零件图创建一个布局，注意与"例 10-1"的区别在于这里不用绘制图框和标题栏，因为在创建布局过程中可以直接调用。

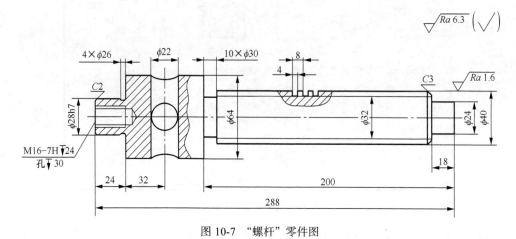

图 10-7 "螺杆"零件图

操作步骤如下。

① 通过菜单栏："插入"|"布局"|"创建布局向导"执行布局向导命令。这时 AutoCAD 弹出如图 10-8 所示的"创建布局-开始"对话框，在对话框的左边列出了创建布局的步骤。

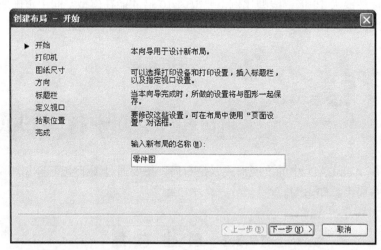

图 10-8 "创建布局-开始"对话框

② 在"输入新布局的名称"编辑框中输入"零件图"，如图 10-8 所示。然后单击"下一步"按钮。屏幕上出现"创建布局-打印机"对话框如图 10-9 所示，为新布局选择一种已配置好的打印设备，例如电子打印机"DWF6 ePlot.pc3"。在使用"布局向导"创建布局之前，必须确认已安装了打印机。如果没有安装打印机，则选择电子打印机"DWF6 ePlot.pc3"。

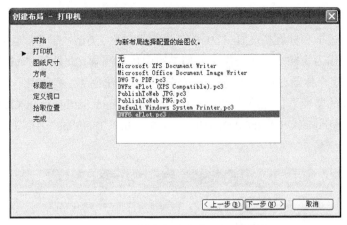

图 10-9 "创建布局-打印机"对话框

③ 单击"下一步"按钮。屏幕上出现"创建布局-图纸尺寸"对话框，如图 10-10 所示，选择图形所用的单位为"毫米"，选择打印图纸为"ISO full bleed A3（420.00mm×297.00mm）。

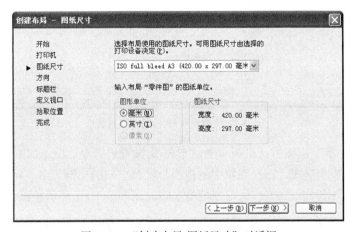

图 10-10 "创建布局-图纸尺寸"对话框

④ 单击"下一步"按钮。屏幕上出现"创建布局-方向"对话框，如图 10-11 所示。确定图形在图纸上的方向为横向。

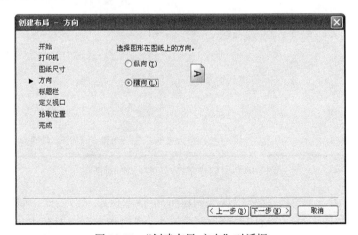

图 10-11 "创建布局-方向"对话框

⑤ 单击"下一步"按钮确认。之后屏幕上又出现"创建布局-标题栏"对话框，如图 10-12 所示。选择图纸的边框和标题栏的样式为"A3 图框"，在"类型"框中，可以指定所选择的图框和标题栏文件是作为块插入，还是作为外部参照引用。注意：此处的"A3 图框"在默认的文件夹中并不存在，这个标题栏可以通过创建带属性块的方法创建，然后用写块 wblock 命令写入到储存样板图文件的路径下，此路径为"C:\Documents and Settings\XXX\Local Settings\Application Data\Autodesk\AutoCAD2010\R18.0\chs\Template"中，其中"XXX"是当前 Windows 的登录用户名。

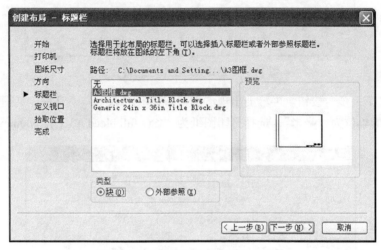

图 10-12 "创建布局-标题栏"对话框

⑥ 单击"下一步"按钮后，出现"创建布局-定义视口"对话框，如图 10-13 所示。设置新建布局视口的个数和形式，以及视口中的视图与模型空间的比例关系。对于此文件，设置视口为"单个"，视口比例为"1:1"，即把模型空间的图形按 1:1 显示在视口中。

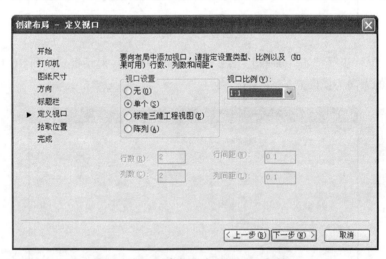

图 10-13 "创建布局-定义视口"对话框

⑦ 单击"下一步"按钮，继续出现"创建布局-拾取位置"对话框，如图 10-14 所示。单击"选择位置<"按钮，AutoCAD 切换到绘图窗口，通过指定两个对角点指定视口的大小和位置之后，直接进入"创建布局-完成"对话框，如图 10-15 所示。

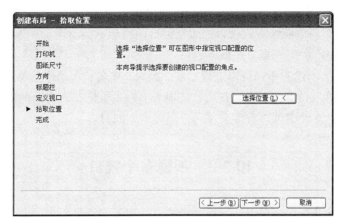

图 10-14　"创建布局-拾取位置"对话框

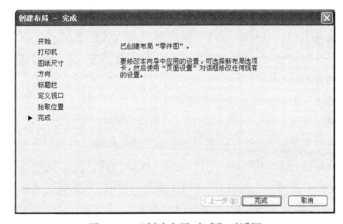

图 10-15　"创建布局-完成"对话框

⑧ 单击"完成"按钮完成新布局及视口的创建。所创建的布局出现在屏幕上（含视口、视图、图框和标题栏），如图 10-16 所示。此外，AutoCAD 将显示图纸空间坐标系图标，在这个视口中双击，可以通过图纸操作模型空间的图形，AutoCAD 将这种视口称为"浮动视口"。

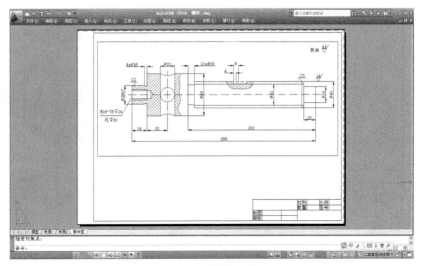

图 10-16　完成创建后的布局

⑨ 为了在布局输出时只打印视图而不打印视口边框，可以将视口边框所在的层设置为"不打印"。这样虽然在布局中能够看到视口的边框但打印时却不会出现，用户可以将此布局进行打印预览，预览图形中不会出现视口边框。

AutoCAD 对于已创建的布局可以进行复制、删除、更名、移动位置等编辑操作。实现这些操作的方法非常简单，只需在某个"布局"选项卡上右击鼠标，从弹出的快捷菜单中选择相应的选项即可。在一个文件中可以有多个布局，但模型空间只有一个。

10.3.2　创建多个视口

在一张图纸中往往有多个视图，所以一个视口一般不能满足要求。在 AutoCAD 中，布局中的浮动视口可以是任意形状的，个数也不受限制，可以根据需要在一个布局中创建多个新的视口，每个视口显示图形的不同方位，从而更清楚、全面地描述模型空间图形的形状与大小。

创建视口的方法有多种。在一个布局中视口可以是均等的矩形，平铺在纸上；也可以根据需要有特定的形状，并放到指定位置，创建视口命令的激活方式如下。

① 命令行：VPORTS。

② 菜单栏："视图" | "视口" | "▦新建视口"。

③ 功能区："视图"选项卡 | "视口"面板 | "新建"按钮▦。

④ 工具栏："视口"工具栏 | "显示视口对话框"按钮▦。

以上命令执行后都会打开如图 10-17 所示的"视口"对话框。利用该对话框可以创建 1～4 个标准视口。另外在"视口"工具栏、"视口"菜单、"视口"面板里面还有创建"单个视口"、"多边形视口"、"将对象转变为视口"、"裁剪现有视口"等功能，来满足用户的需求。

【例 11-3】绘制图 10-18 所示"轴承座"三维视图，创建一个布局并建立 4 个视口分别用于显示轴承座的主视图、左视图、俯视图以及西南轴测图。

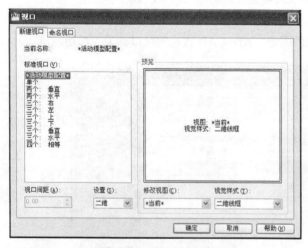

图 10-17　"视口"对话框

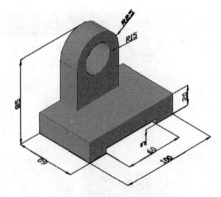

图 10-18　"轴承座"三维模型

操作步骤如下。

① 绘制"轴承座"三维模型。

② 参照"练习 10-2"的步骤新建一个名称为"轴承座"的布局。在"创建布局-定义视口"

对话框中设置视口为"无"，如图 10-19 所示，后面要为这个布局添加四个视口。布局创建完成后结果如图 10-20 所示，所创建的布局中有图框和标题栏但没有视图，因为还没创建视口。

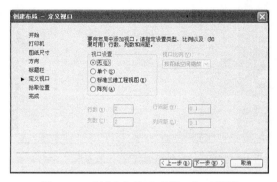

图 10-19　"创建布局-定义视口"对话框

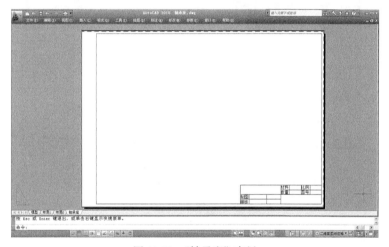

图 10-20　"轴承座"布局

③ 通过菜单栏："视图"|"视口"|"新建视口"，打开"视口"对话框。在"标准视口"选项区里面选择"四个：相等"如图 10-21 所示，单击"确定"按钮，返回布局，按照提示拾取放置四个视口的区域，如图 10-22 所示。添加四个视口后的结果如图 10-23 所示。

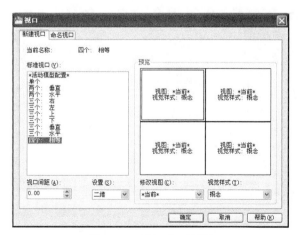

图 10-21　"视口"对话框

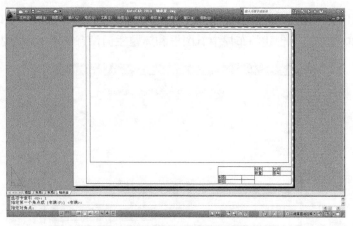

图 10-22　拾取放置四个视口的区域

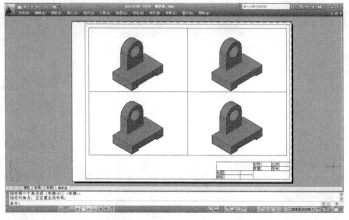

图 10-23　添加四个视口

④ 这时会发现四个视口的图形都是一样的，接下来双击左上角视口，单击"视图"工具栏 | "前视"按钮；双击左下角视口，单击"视图"工具栏 | "俯视"按钮；双击右上角视口，单击 "视图"工具栏 | "左视"按钮；双击右下角视口，单击"视图"工具栏 | "西南等轴测"按钮，通过"视口"工具栏将四个视口比例全部设置为 1：1，结果如图 10-24 所示。

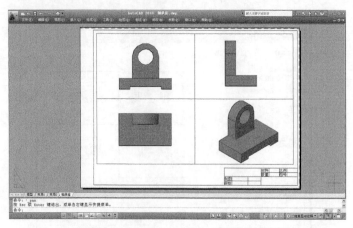

图 10-24　轴承座的主视图、左视图、俯视图以及西南轴测图

【例10-4】为例10-2的螺杆零件图布局添加一个视口，用于螺纹的局部放大示意图，比例为2：1。

操作步骤如下。

① 在零件图布局左下角绘制一个半径为50mm的圆，结果如图10-25所示。

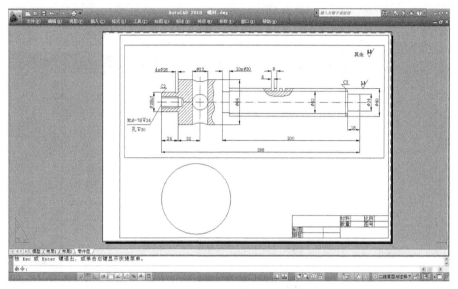

图 10-25　绘制"圆"

② 执行菜单栏："视图"|"视口"|"对象"命令。按照提示选取上一步绘制的圆，将其转换为视口，结果如图10-26所示。

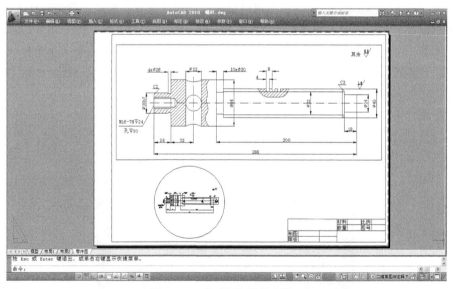

图 10-26　将"圆"转换为视口

③ 鼠标双击圆形视口将其激活，通过"视口"工具栏将视口比例设置为2：1，在视口中通过"实时平移🖐"命令将其调整为图10-27所示显示状态，作为螺纹的局部放大示意图。

注意：对视口进行操作必须将其先激活，在视口内鼠标双击可以将该视口激活。在没有视口的图纸区域双击，使之由视口模型空间切换回图纸空间。

在视口工具栏的最右侧有一个比例下拉列表，使用它可以调节当前视口的比例，也可以选定视口后使用"特性"选项板来调整或者单击状态栏右下侧"视口比例 2:1"按钮，从弹出的"视口比例"快捷菜单中选择浮动视口与模型空间图形的比例关系。

当视口与模型空间图形的比例关系确定好后，通常可以使用"实时平移"命令调整视口中图形显示的内容，但不要使用"实时缩放"命令，那样会改变视口与模型空间图形的比例关系。

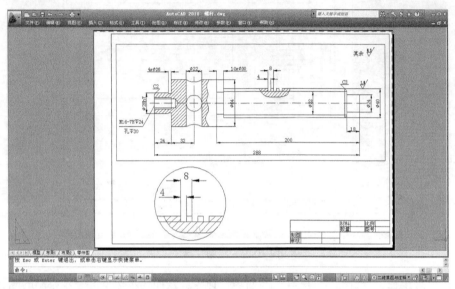

图 10-27　螺纹的局部放大示意图

这时可以发现刚添加的 2∶1 的圆形视口里面两个尺寸标注的数字字体也被放大了 2 倍。按照制图国家标准，无论图纸上的视图采用什么样的比例表示，标注的永远是图形的真实尺寸；无论图纸上的视图采用什么样的比例表示，同一张图纸上尺寸标注的数字大小要一致，标注样式要一致。这样两个视口里面标注的字体大小不同，显然是不符合国家标准的。这个问题可以通过给标注增加"注释性"来解决。

操作步骤如下。

① 单击"模型"选项卡，切换到"模型空间"，打开状态栏上的"快捷特性"工具。

② 鼠标单击选择文字对象"8"和"4"两个尺寸。这时 AutoCAD 自动打开"快捷特性"选项板，如图 10-28 所示。将"注释性"下拉列表选择为"是"，这样就为文字对象打开了注释性。

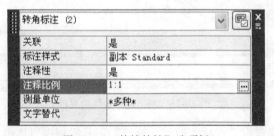

图 10-28　"快捷特性"选项板

③ 此时会发现"注释性"下拉列表下面增加了一项"注释比例"列表项，单击旁边的按钮，

打开"注释对象比例"对话框，如图 10-29（a）所示，此时"对象比例列表"中只有 1∶1 这个比例，单击"添加"按钮，打开"将比例添加到对象"对话框，如图 10-29（b）所示。将 2∶1 的比例添加进去（与视口出图比例一致），单击"确定"按钮，关闭"注释对象比例"对话框，然后关闭"快捷特性"选项板。

（a） （b）

图 10-29 "快捷特性"选项板

④ 单击"零件图"选项卡，切换到"零件图"布局，会发现圆形视口里面两个尺寸标注的数字字体大小没有变化，如图 10-27 所示。这是因为还没有为视口设置注释比例，单击选择圆形视口边框，然后单击状态栏右下侧"视口比例🔲2∶1▼"按钮，从弹出的"视口比例"快捷菜单中选择 2∶1 确认此视口的比例，原来已经选择了 2∶1 的出图比例，但那是在没有增加注释性时创建视口选择的，在这里需要再次选择将之确认为注释性的视口比例。选择完毕后会发现此视口中的文字高度变得和 1∶1 出图比例视口中一致了，如图 10-30 所示。

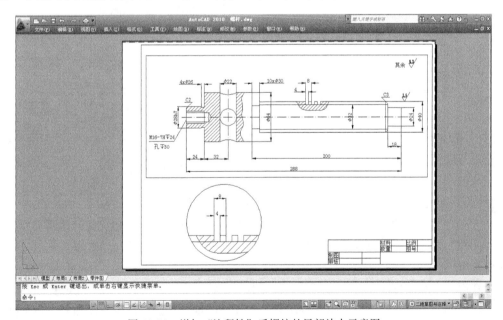

图 10-30 增加"注释性"后螺纹的局部放大示意图

10.3.3 布局中图纸的打印输出

同样是打印出图，在布局中进行要比在模型空间中进行方便许多，因为布局实际上可以看做是一个打印的排版，在创建布局的时候，许多打印时需要的设置（如打印设备、图纸尺寸、打印方向、出图比例等）都已经预先设定了，在打印的时候就不需要再进行设置。

【例 10-5】将"例 10-4"完成的"螺杆"零件图布局进行打印输出。

操作步骤如下。

① 单击"零件图"选项卡，切换到布局"零件图"。

② 单击工具栏："标准"|"打印"按钮🖶，弹出"打印-零件图"对话框，如图 10-31 所示，其中"零件图"是要打印的布局名。

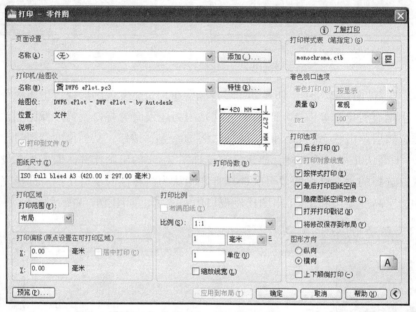

图 10-31 "打印-零件图"对话框

③ 可以看到，打印设备、图纸尺寸、打印区域、打印比例都按照布局里的设定设置好了，无须再进行设置，布局就像是一个打印的排版。打印样式表如果没有设置，可以在此进行，将打印样式表设置为"monochrome.ctb"，然后单击"应用到布局"选项，所做的打印设置修改就会保存到布局设置中，下次再打印的时候就不必重复设置了。

④ 单击"确定"按钮，就会开始打印了，由于选择了虚拟的电子打印机，此时会弹出"浏览打印文件"对话框提示将电子打印文件保存到何处，选择合适的目录后单击"保存"按钮，打印便开始进行。

与在模型空间里打印一样，打印完成后，右下角状态栏托盘中会出现"完成打印和作业发布"气泡通知。单击此通知会弹出"打印和发布详细信息"对话框，里面详细地记录了打印作业的具体信息。

可以看到，在布局里进行打印要比在模型空间里进行打印步骤简单得多。

10.4 图形的输入和输出

AutoCAD 2010 除了可以打开和保存 DWG 格式的图形文件外,还可以导入或导出其他格式的图形。

10.4.1 输 入 图 形

在 AutoCAD 2010,输入图形的方法有以下几种。

① 菜单栏:"插入" |"3D Studio"/"ACIS 文件"/"Windows 图元文件"等。

② 菜单栏:"文件" |"输入"。

③ 功能区:"插入"选项卡|"输入"面板|"输入"按钮。

④ 工具栏:"插入点"工具栏|"输入"按钮。

执行"输入"命令后,AutoCAD 2010 会弹出"输入文件"对话框,如图 10-32 所示。在其中的"文件类型"下拉列表框中可以选择输入的文件类型。

图 10-32 "输入文件"对话框

10.4.2 插入 OLE 对象

在 AutoCAD 2010,插入 OLE 对象的方法有以下几种。

① 菜单栏:"插入" |"OLE 对象"。

② 功能区:"插入"选项卡|"数据"面板|"OLE 对象"按钮。

③ 工具栏:"插入点"工具栏|"OLE 对象"按钮。

执行上述操作后，AutoCAD 2010 会弹出"插入对象"对话框，如图 10-33 所示，可以插入对象链接或者嵌入对象。

图 10-33 "插入对象"对话框

10.4.3 输 出 图 形

在 AutoCAD 2010 中，输出图形的方法如下。

① 在菜单栏中执行"文件"|"输出"命令，AutoCAD 2010 会弹出"输出数据"对话框，如图 10-34 所示。

图 10-34 "输出数据"对话框

② 在"保存于"下拉列表框中设置文件输出的路径，在"文件名"文本框中输入文件名称，在"文件类型"下拉列表框中选择文件的输出类型。

③ 单击"保存"按钮，将切换到绘图窗口中，可以选择需要以指定格式保存的对象。

第11章

制图员相关知识

【学习目标】

了解制图员国家职业标准及制图员资格鉴定大纲，为制图员考证打好基础。

11.1 制图员国家职业标准

11.1.1 职 业 概 况

1. 职业名称

制图员。

2. 职业定义

使用绘图仪器、设备，根据工程或产品的设计方案、草图和技术性说明，绘制其正图（原图）、底图及其他技术图样的人员。

3. 职业等级

本职业共设四个等级，分别为初级（国家职业资格五级）、中级（国家职业资格四级）、高级（国家职业资格三级）、技师（国家职业资格二级）。

4. 职业环境

室内，常温。

5. 职业能力特征

具有一定的空间想象、语言表达、计算能力；手指灵活、色觉正常。

6. 基本文化程度

高中毕业（或同等学力）。

7. 培训要求

（1）培训期限

全日制职业学校教育，根据其培养目标和教学计划确定。晋级培训期限：初级不少于 200 标准学时；中级不少于 350 标准学时；高级不少于 500 标准学时；技师不少于 800 标准学时。

（2）培训教师

培训初级制图员的教师应具有本职业高级以上职业资格证书；培训中、高级制图员的教师应具有本职业技师职业资格证书或相关专业中级以上专业技术职务任职资格；培训技师的教师应具有本职业技师职业资格证书三年以上或相关专业高级专业技术职务任职资格。

（3）培训场地设备

采光、照明良好的教室；绘图工具、设备及计算机。

8. 鉴定要求

（1）适用对象

从事或准备从事本职业的人员。

（2）申报条件

① 初级（具备以下条件之一者）。

a. 经本职业初级正规培训达规定标准学时数，并取得毕（结）业证书。

b. 在本职业连续见习工作两年以上。

c. 本职业学徒期满。

② 中级（具备以下条件之一者）。

a. 取得本职业初级职业资格证书后，连续从事本职业工作两年以上，经本职业中级正规培训达规定标准学时数，并取得毕（结）业证书。

b. 取得本职业初级职业资格证书后，连续从事本职业工作三年以上。

c. 连续从事本职业工作五年以上。

d. 取得经劳动保障行政部门审核认定的、以中级技能为培养目标的中等以上职业学校本职业（专业）毕业证书。

③ 高级（具备以下条件之一者）。

a. 取得本职业中级职业资格证书后，连续从事本职业工作两年以上，经本职业高级正规培训达规定标准学时数，并取得毕（结）业证书。

b. 取得本职业中级职业资格证书后，连续从事本职业工作三年以上。

c. 取得高级技工学校或经劳动保障行政部门审核认定的、以高级技能为培养目标的高等职业学校本职业（专业）毕业证书。

d. 取得本职业中级职业资格证书的大专以上本专业或相关专业毕业生，连续从事本职业工作两年以上。

④ 技师（具备以下条件之一者）。

a. 取得本职业高级职业资格证书后，连续从事本职业工作三年以上，经本职业技师正规培训达规定标准学时数，并取得毕（结）业证书。

b. 取得本职业高级职业资格证书后，连续从事本职业工作五年以上。

c. 取得本职业高级职业资格证书的高级技工学校本职业（专业）毕业生，连续从事本职业工作两年以上。

（3）鉴定方式

分为理论知识考试和技能操作考核。理论知识考试采用闭卷笔试方式，技能操作考核采用现场实际操作方式。理论知识考试和技能操作考核均实行百分制，成绩均达60分以上者为合格。技师还须进行综合评审。

（4）考评人员与考生配比

理论知识考试考评人员与考生配比为 1∶15，每个标准教室不少于两名考评人员；技能操作考核考评员与考生配比为 1∶5，且不少于三名考评员。

（5）鉴定时间

理论知识考试时间为 120 min；技能操作考核时间为 180 min。

（6）鉴定场所设备

① 理论知识考试：采光、照明良好的教室。

② 技能操作考核：计算机、绘图软件及图形输出设备。

11.1.2　基 本 要 求

1. 职业道德

（1）职业道德基本知识

（2）职业守则

① 忠于职守，爱岗敬业。

② 讲究质量，注重信誉。

③ 积极进取，团结协作。

④ 遵纪守法，讲究公德。

2. 基础知识

（1）制图的基本知识

① 国家标准制图的基本知识。

② 绘图仪器及工具的使用与维护知识。

（2）投影法的基本知识

① 投影法的概念。

② 工程常用的投影法知识。

（3）计算机绘图的基本知识

① 计算机绘图系统硬件的构成原理。

② 计算机绘图的软件类型。

（4）专业图样的基本知识

（5）相关法律、法规知识

① 劳动法的相关知识。

② 技术制图的标准。

3. 工作要求

本标准对初级、中级、高级和技师的技能要求依次递进，高级别包括低级别的要求。具体要求见表 11-1 ~ 表 11-4。

表 11-1　　　　　　　　　　　　　　初级技能要求

职业功能	工作内容	技能要求	相关知识
绘制二维图	描图	能描绘墨线图	描图的知识
	手工绘图（可根据申报专业任选一种）	机械图： 1. 能绘制内、外螺纹及其连接图 2. 能绘制和阅读轴类、盘盖类零件图 土建图： 1. 能识别并绘制常用的建筑材料图例 2. 能绘制和阅读单层房屋的建筑施工图	1. 几何绘图知识 2. 三视图投影知识 3. 绘制视图、剖视图、断面图的知识 4. 尺寸标注的知识 5. 专业图的知识
	计算机绘图	1. 能使用一种软件绘制简单的二维图形并标注尺寸 2. 能使用打印机或绘图机输出图纸	1. 调出图框、标题栏的知识 2. 绘制直线、曲线的知识 3. 曲线编辑的知识 4. 文字标注的知识
绘制三维图	描图	能描绘正等轴测图	绘制正等轴测图的基本知识
图档管理	图纸折叠	能按要求折叠图纸	折叠图纸的要求
	图纸装订	能按要求将图纸装订成册	装订图纸的要求

表 11-2　　　　　　　　　　　　　　中级技能要求

职业功能	工作内容	技能要求	相关知识
绘制二维图	手工绘图（可根据申报专业任选一种）	机械图： 1. 能绘制螺纹连接的装配图 2. 能绘制和阅读支架类零件图 3. 能绘制和阅读箱体类零件图 土建图： 1. 能识别常用建筑构、配件的代（符）号 2. 能绘制和阅读楼房的建筑施工图	1. 截交线的绘图知识 2. 绘制相贯线的知识 3. 一次变换投影面的知识 4. 组合体的知识

续表

职业功能	工作内容	技能要求	相关知识
绘制二维图	计算机绘图	能绘制简单的二维专业图形	1. 图层设置的知识 2. 工程标注的知识 3. 调用图符的知识 4. 属性查询的知识
绘制三维图	描图	1. 能够描绘斜二测图 2. 能够描绘正二测图	1. 绘制斜二测图的知识 2. 绘制正二测图的知识
	手工绘制轴测图	1. 能绘制正等轴测图 2. 能绘制正等轴测剖视图	1. 绘制正等轴测图的知识 2. 绘制正等轴测剖视图的知识
图档管理	软件管理	能使用软件对成套图纸进行管理	管理软件的使用知识

表 11-3 高级技能要求

职业功能	工作内容	技能要求	相关知识
绘制二维图	手工绘制草图	机械图： 能绘制箱体类零件草图 土建图： 1. 能绘制单层房屋的建筑施工草图 2. 能绘制简单效果图	1. 测量工具的使用知识 2. 绘制专业示意图的知识
	手工绘图（可根据申报专业任选一种）	机械图： 1. 能绘制各种标准件和常用件 2. 能绘制和阅读不少于 15 个零件的装配图 土建图： 1. 能绘制钢筋混凝土结构图 2. 能绘制钢结构图	1. 变换投影面的知识 2. 绘制两回转体轴线垂直交叉相贯线的知识
	计算机绘图（可根据申报专业任选一种）	机械图： 1. 能根据零件图绘制装配图 2. 能根据装配图绘制零件图 土建图： 能绘制房屋建筑施工图	1. 图块制作和调用的知识 2. 图库的使用知识 3. 属性修改的知识
绘制三维图	手工绘制轴测图	1. 能绘制轴测图 2. 能绘制轴测剖视图	1. 手工绘制轴测图的知识 2. 手工绘制轴测剖视图的知识
图档管理	图纸归档管理	能对成套图纸进行分类、编号	专业图档的管理知识

表 11-4 技师技能要求

职业功能	工作内容	技能要求	相关知识
绘制二维图	手工绘制专业图（可根据申报专业任选一种）	机械图： 能绘制和阅读各种机械图 土建图： 能绘制和阅读各种建筑施工图样	机械图样或建筑施工图样的知识
	手工绘制展开图	1. 能绘制变形接头的展开图 2. 能绘制等径弯管的展开图	绘制展开图的知识

职业功能	工作内容	技能要求	相关知识
绘制三维图	手工绘图（可根据申报专业任选一种）	机械图： 能润饰轴测图 土建图： 1. 能绘制房屋透视图 2. 能绘制透视图的阴影	1. 润饰轴测图的知识 2. 透视图的知识 3. 阴影的知识
	计算机绘图（可根据申报专业任选一种）	能根据二维图创建三维模型 机械图： 1. 能创建各种零件的三维模型 2. 能创建装配体的三维模型 3. 能创建装配体的三维分解模型 4. 能将三维模型转化为二维工程图 5. 能创建曲面的三维模型 6. 能渲染三维模型 土建图： 1. 能创建房屋的三维模型 2. 能创建室内装修的三维模型 3. 能创建土建常用曲面的三维模型 4. 能将三维模型转化为二维施工图 5. 能渲染三维模型	1. 创建三维模型的知识 2. 渲染三维模型的知识
转换不同标准体系的图样	第一角和第三角投影图的相互转换	能对第三角表示法和第一角表示法做相互转换	第三角投影法的知识
指导与培训	业务培训	1. 能指导初、中、高级制图员的工作，并进行业务培训 2. 能编写初、中、高级制图员的培训教材	1. 制图员培训的知识 2. 教材编写的常识

4. 理论知识和操作技能比重

具体如表 11-5、表 11-6 所示。

表 11-5 理论知识

项 目		初级（%）	中级（%）	高级（%）	技师（%）
基本要求	职业道德	5	5	5	5
	基础知识	25	15	15	15
相关知识	绘制二维图 描图	5	—	—	—
	手工绘图	40	30	30	5
	计算机绘图	5	5	5	—
	手工绘制草图	—	—	10	—
	手工绘制专业图	10	15	15	15
	手工绘制展开图	—	—	—	10

续表

项	目		初级（%）	中级（%）	高级（%）	技师（%）
相关知识	绘制三维图	描图	5	5	—	—
		手工绘制轴测图	—	20	15	5
		手工绘图	—	—	—	25
		计算机绘图	—	—	—	10
	图档管理	图纸折叠	3	—	—	—
		图纸装订	2	—	—	—
		软件管理	—	5	—	—
		图纸归档管理	—	—	5	—
	转换不同标准体系的图样	第一角和第三角投影图的相互转换	—	—	—	5
	指导与培训	业务培训	—	—	—	5
合计			100	100	100	100

表 11-6 操作技能

项	目		初级（%）	中级（%）	高级（%）	技师（%）
技能要求	绘制二维图	描图	5	—	—	—
		手工绘图	22	20	15	—
		计算机绘图	55	55	60	—
		手工绘制草图	—	—	15	—
		手工绘制专业图	—	—	—	25
		手工绘制展开图	—	—	—	20
	绘制三维图	描图	13	5	—	—
		手工绘制轴测图	—	15	5	—
		手工绘图	—	—	—	5
		计算机绘图	—	—	—	35
	图档管理	图纸折叠	3	—	—	—
		图纸装订	2	—	—	—
		软件管理	—	5	—	—
		图纸归档管理	—	—	5	—
	转换不同标准体系的图样	第一角和第三角投影图的相互转换	—	—	—	10
	指导与培训	业务培训	—	—	—	5
合计			100	100	100	100

11.2

制图员资格鉴定大纲（机械类）

11.2.1 理论知识考试指导

1. 机械类初级制图员

（1）基本要求

主要包括制图国家标准、绘图仪器的使用、投影法的基本知识等。国家标准中有关制图的一般规定，含图幅、比例、字体、图线、尺寸标注的基本知识；投影法的基本知识包括中心投影的概念，平行投影、斜投影、正投影的概念。

（2）描图工具

包括鸭嘴笔、针管笔。熟悉描图的一般程序、描图的修改方法等。

（3）物体三视图

投影规律必须非常熟悉，它是画图和看图的基础，以读图为主（补线或补图）。

（4）视图、剖视图、断面图等的绘制

在组合体的表达和零件图的表达中都会用到各种视图、剖视图和断面图等。由组合体立体图画三视图，并作全剖视或半剖视图。

（5）尺寸标注

平面图形或三视图的尺寸标注，主要是平面图形的尺寸标注，掌握尺寸标注在国家标准中的规定，如：尺寸数字的方向、位置，圆、圆弧、球等尺寸的标注，重复要素尺寸的标注等。

（6）螺纹画法

内螺纹的画法、外螺纹的画法、外螺纹拧在一起的规定画法。认识结构要素及其标注。

（7）读零件图（轴类和盘盖类）

① 轴类零件图。表达轴类零件的视图数量不少于两个（如一个基本视图和一个断面图）。从结构上来说，轴段数不少于三段，其上带有键槽、螺纹小孔或小槽等。此外，还应包含有常见的倒角、退刀槽、中心孔等工艺结构。

② 盘盖类零件图。表达盘盖类零件基本视图不少于两个。就结构而言，不少于两个基本形体同轴线的组合，并带有常见的通孔、连接孔、凸台或凹坑等结构。此外，也有常见的工艺结构。

③ 零件图中的标注内容应含有以下三部分。

a. 尺寸：数量不少于 15 个。

b. 表面粗糙度：数量不少于四个，等级不少于三级，认识和解释表面粗糙度符号的含义，参数值等级的含义。

c. 尺寸公差：数量不少于两个，认识和解释尺寸公差标注的含义。

（8）正等轴测图的基本特性

包括轴间角、轴向变形系数等，描绘正等轴测图应注意的问题。

（9）图档管理

包括图样复制方法，折叠图纸的基本要求，图纸折叠的方法和图纸装订的方法。

（10）计算机绘图

在操作技能将全面考核计算机绘图识，在所有理论知识试题中不再涉及计算机绘图的知识。

2. 机械类中级制图员

（1）基本要求

主要包括制图国家标准、绘图仪器的使用、投影法的基本知识等。国家标准中有关制图的一般规定，含图幅、比例、字体、图线、尺寸标注的基本知识，绘图仪器含铅笔、丁字尺、三角板、圆规等；投影法的基本知识指中心投影的概念，平行投影、斜投影、正投影的概念及投影法的应用。

（2）一次变换投影面的知识

一般结合实际物体，绘制物体倾斜部分的斜视图或斜剖视图。以及立体被垂直面截切后，一次变换求实形。

（3）截交线

圆柱体被平行位置平面截切；相贯线：轴线正交的圆柱体、圆锥体相交，圆柱体或圆锥体与球相交（轴线过球心）的相贯线的绘制。组合形体数量三个以下。

（4）视图的绘制

已知组合体的两个视图，画出第三视图，并做全剖视图或半剖视图。物体比初级稍复杂。

（5）螺纹连接装配图的画法

包括螺栓、螺柱、螺钉连接，考试形式分为以下几种。

① 补充完整螺纹连接装配图中所缺的图形。

② 指出螺纹连接装配图中的错误，在指定位置画出正确的图形，需要对螺纹的规定画法和三种连接装配图的结构和特点记住。

（6）尺寸标注

给出一个轴或盘的一组视图，标注全尺寸和表面粗糙度。对零件图中尺寸标注的要求要掌握清楚，做到正确、完整、清晰、合理，掌握工艺结构的标注方法，如倒角、退刀槽、铸造圆角以及均布的孔等。表面粗糙度在图中的标注要清楚。

（7）阅读零件图（支架类或箱体类）

① 支架类零件的要求：基本视图的数量不少于三个，其结构应含有固定用底板，支撑结构和肋板三大部分，并常有螺孔、凸台或凹坑，铸造圆角等工艺结构。

标注内容：尺寸不少于 20 个，粗糙度不少于五处，等级不少于四级，尺寸公差不少于三处，形位公差一处以上。

② 箱体类零件的要求：视图数量和结构：基本视图不少于三个。结构：主体是箱体和底板，体内有空腔，底板上有连接孔和定位孔、凸台或凹坑、螺孔、铸造圆角等工艺结构。（也应属于中等难度的箱体零件图）。

图中标注内容同支架类相同。

（8）三维图的绘制

绘制平面立体的正等轴测图，掌握正等轴测图的基本特性（已知二维图，绘制三维图）。

（9）正二测、斜二测图的基本知识

包括轴间角、变形系数及平面体的绘制（正二测），一个平面有圆的立体的绘制（斜二测）。

（10）图档管理知识

主要是图档管理的常识。

3. 机械类高级制图员

（1）基本要求

主要包括制图国家标准、绘图仪器的使用、投影法的基本知识等。国家标准中有关制图的一般规定，含图幅、比例、字体、图线、尺寸标注的基本知识，这些知识在中级需要记忆一些具体的数字；绘图仪器含铅笔、丁字尺、三角板、圆规等；投影法的基本知识指中心投影的概念，平行投影、斜投影、正投影的概念及投影法的应用。

（2）截交线

掌握用特殊位置平面（垂直面和平行面）截切圆柱体、圆锥体的截交线的求法，掌握用平行面截切球的截交线的求法。相贯线：轴线正交的圆柱体、圆锥体相交，圆柱体或圆锥体与球相交（轴线过球心）的相贯线的绘制。组合形体数量三个以上。

（3）视图的表达方法

掌握全剖视图（或半剖视图）的表达方法与标注。

（4）标准件、常用件

主要考核齿轮的基本概念、主要参数的计算和规定画法。

（5）零件图草图的知识

目测零件的尺寸、徒手绘图（直线、圆）的技巧、测量工具的使用及草图的实用场合。

（6）读装配图

15 个左右零件的装配图。要求掌握以下内容。

① 拆画零件的零件图方法。

② 装配图的拆卸顺序。

③ 装配图的尺寸标注。

④ 极限与配合的标注和含义。

（7）轴测图的绘制

根据二维图形（一个方向带圆孔或圆弧），画正等轴测图。轴测剖视图的基本知识主要了解各种零件的轴测图的画法及剖切方法、剖面线的画法。

（8）图档管理的基本知识

包括机械产品及其组成部分的定义含产品、零件、部件通用件和标准件等，图样以及零件图、装配图的定义，图样编号的一般要求，分类编号方法等。

11.2.2　操作技能考试指导

1. 机械类初级制图员

由于目前技能鉴定主要考核计算机绘图能力，因此，操作技能考试试题主要按《制图员国家职业标准》中计算机绘图的技能要求，从计算机绘图中兼顾其他具有可考性的内容，无法在计算机绘图考核的部分一般在理论知识试题中体现，最终确定初级制图员操作技能试题分为三部分。

（1）初始环境设置

包括图幅的设定，标题栏、边框线的绘制，图层的要求，以及其他初试参数的设置。

（2）平面图形的绘制

包括基本平面图形，圆弧连接图形及其尺寸标注。

（3）投影图的绘制

包括基本视图，剖视图，断面图等二维投影图，及其尺寸标注。

2. 机械类中级制图员

按照《制图员国家职业标准》工作要求中高级别包括低级别的要求，中级制图员对能绘制简单二维专业图的理解应包括：平面图形、投影图和简单零件图并标注尺寸，兼顾其他具有可考性的内容，确定中级制图员操作技能试题分为以下四部分。

（1）初始环境设置

包括图幅的设定，标题栏、边框线的绘制，图层的要求，以及其他初始参数的设置。

（2）平面图形的绘制

包括基本平面图形，圆弧连接图形及其尺寸标注，图形比初级稍复杂。

（3）投影图的绘制

包括基本视图，剖视图，断面图等二维投影图，图形比初级稍复杂。

（4）零件图的绘制

包括由 2～4 个基本视图或断面图组成的视图，带有倒角、退刀槽等

工艺结构的完整尺寸标注，2～4 处尺寸带有公差，有表面粗糙度要求等。

3. 机械类高级制图员

主要根据高级制图员计算机绘图能力的要求，考虑初、中级的要求，兼顾其他内容，确定高级制图员操作技能试题分为以下四部分。

（1）初始环境设置

包括图幅的设定，标题栏、边框线的绘制，图层的要求，以及其他初始参数的设置。

（2）平面图形的绘制

包括基本平面图形，圆弧连接图形及其尺寸标注，图形比中级稍复杂。

（3）零件图的绘制

要求绘制组成装配图的某一零件，包括由 2～3 个基本视图或断面图组成的视图，带有倒角、退刀槽等工艺结构的完整尺寸标注，1～2 处尺寸带有公差，有粗糙度要求等。

（4）根据零件图绘制装配图

该装配体由 4～6 个简单零件组成，每一零件都给出完整的零件图，根据零件图和给出的装配图重新绘制装配图。

[1] 余桂英，郭纪林. AutoCAD 2006 中文版实用教程. 辽宁：大连理工大学出版社，2006.

[2] 余桂英，刘勇，郭纪林. AutoCAD 2006 中文版习题集. 辽宁：大连理工大学出版社，2006.

[3] 及秀琴，杨小军. AutoCAD 2007 中文版实用教程. 北京：中国电力出版社，2007.

[4] 及秀琴，杨小军. AutoCAD 2007 上机指导与实训. 北京：中国电力出版社，2007.

[5] 习俊梅，钱国华. AutoCAD 2008 中文版实用教程. 黑龙江：哈尔滨工程大学出版社，2010.

[6] 姜勇，姜军，郑金等. AutoCAD 中文版机械制图习题集. 北京：人民邮电出版社，2009.

[7] 沈旭，宋正和. AutoCAD 2010 实用教程. 北京：清华大学出版社，2011.

[8] 程绪奇，王建华，刘志峰等. AutoCAD 2010 中文版标准教程. 北京：电子工业出版社，2010.

[9] 史宇宏，史小虎，陈玉蓉. AutoCAD 2010 从入门到精通. 北京：科学出版社，2010.